福建农林大学优势特色学科（园艺）建设专项学术专著

# 茶树品种资源
# 微形态研究

*Micromorphological Studies of Chinese Tea Plant Cultivars and Germplasms*

叶乃兴　于文涛　等　著

中国农业出版社
北京

# 作者简介

ZUOZHE JIANJIE

　　叶乃兴，福建农林大学园艺学院教授/研究员，茶学福建省高校重点实验室主任，福建张天福茶叶发展基金会副理事长，中国茶叶学会学术工作委员会委员，福建省级高层次人才（C类）。长期从事茶树栽培育种与茶叶品质化学研究。主持国家自然科学基金、福建省自然科学基金、省级科研项目 10 余项。主持完成首个茶树单倍型解析的黄棪基因组和单瓣、双瓣茉莉花基因组研究，发掘福建苦茶、秃房茶、黄叶茶等福建省优特异茶树种质资源；育成金观音、黄观音、金牡丹、悦茗香、紫牡丹、黄奇等国家级茶树优良品种。获得福建省科学技术二等奖 3 项、三等奖 2 项，授权发明专利 12 件；主编《白茶品种与品质化学研究》《白茶科学·技术与市场》《福州茉莉花与茶文化系统研究》等茶学著作，主编"十四五"农业农村部规划教材《茶学概论》《茶学研究法》；在 Plant Biotechnology Journal、Nature Plants、Plant Journal、Horticulture Research、Food Chemistry、《中国农业科学》、《分析化学》、《园艺学报》、《食品科学》、《生物工程学报》等国内外学术期刊发表论文 200 余篇。

　　于文涛，福州海关技术中心正高级农艺师，海关总署科技委植物检疫分专业委委员，全国标样委植物检疫工作组成员，全国进出境濒危物种鉴定实验室联盟濒危植物鉴定专家，海关总署国际司业务类外事工作骨干，福州海关兼职教师，福建省商务厅外贸行业专家，福建农林大学校外硕士研究生导师。工作以来，主持及作为主要完成人完成国家标准、检验检疫行业标准及地方标准 15 项，以第一作者及通讯作者发表学术论文 30 余篇，获得省部级科技成果奖励 5 项。先后主持海关总署科研项目"进口台湾乌龙茶品名 SNP 分子标记快速真伪鉴别技术研究（2020HK187）"和福建省引导性项目"福建省秃房野生茶种质资源挖掘及鉴定评价技术研究（2021N0024）"等茶学相关研究课题，完成的茶树种质资源相关论文发表于 Food Research International、Horticulturae、Tree Genetics & Genomes、《中国农业科学》、《园艺学报》等国内外学术期刊。

# 著 者 名 单

学术顾问　杨江帆　福建农林大学

　　　　　蔡春平　福州海关技术中心

主　　编　叶乃兴　福建农林大学

　　　　　于文涛　福州海关技术中心

副 主 编　杨国一　福建农林大学海峡研究院

　　　　　谢微微　宁德职业技术学院

　　　　　樊晓静　福建农林大学

编　　委　王泽涵　福建农林大学

　　　　　刘财国　浙江财经大学

　　　　　王　攀　福建农林大学

　　　　　朱艳宇　福建农林大学

　　　　　林　浥　福建农林大学

　　　　　贵文静　福建农林大学

茶学福建省高校重点实验室

福建省检验检疫技术研究重点实验室　支持出版

# 本书基金资助项目

1. 福建省"2011 协同创新中心"中国乌龙茶产业协同创新中心子专题（K8015H01B），2015—2020，主持人：叶乃兴

2. 福建省科技厅农业科技引导性项目（2021N0024），2021—2024，主持人：于文涛

3. 安溪茶叶重大科技创新专项（AX2021001），2021—2024，主持人：叶乃兴

4. 建瓯市茶叶科技创新专项（JO2022001），2022—2025，主持人：叶乃兴

5. 中国海关总署科研项目（2020HK187），2020—2023，主持人：于文涛

# 前　言

　　茶树［*Camellia sinensis*（L.）O. Kuntze］是山茶科（Theaceae）山茶属（*Camellia* L.）茶组［Sect. *Thea*（L.）Dyer］植物。这是一种古老的植物，绵延数千年，已成为深受世界人民喜爱的饮料植物。茶树是一种多年生常绿木本植物，在长期的自然适应和人工选择中，形成了现今丰富多彩的茶树种质资源。茶树的微形态研究是其形态学研究的重要组成部分，茶树的微形态特征可以作为茶树种质资源的鉴定、分类、遗传演化以及与环境相互作用研究的重要参考依据。

　　植物微形态是指借助微观方面的研究手段和处理方法观察到的肉眼难以分辨的植物微观形态结构。叶片，是茶树进行光合作用、蒸腾作用和气体交换的主要器官，同时也是鲜叶原料、加工利用的主要部位。茶树叶片的显微结构对其光合、呼吸和蒸腾作用等一系列生命活动产生影响，与茶树生长发育、茶树抗逆性、茶叶产量和品质密切相关。因此，探究茶树叶片显微结构，对深入了解茶树的品种特征、茶树的生态适应性以及茶叶的外观品质构成都具有重要的意义。研究茶树不同叶位叶片的显微结构，有助于了解茶树不同叶位叶片的生理功能和茶叶加工过程微形态的变化规律。叶片表皮毛形态、表皮细胞形态、气孔器类型等微形态特征构成了植物叶表皮的微形态，植物叶片的微形态特征和生长环境具有密切的关系。植物叶片对不断变化的生长环境反应最敏感，容易改变其形态和生理结构形成相应的适应机制，因而叶片表皮特性可以反映植物对环境的适应能力。同时，植物叶片表皮的微形态特征可以在一定程度上反映不同植物类群间的系统学关系，具有一定的分类学价值。花粉，是植物携带遗传信息的雄性生殖细胞，各类植物的花粉各不相同。作为繁殖器官，花粉的形态特征相对来说更稳定，花粉的大小、形态和萌发孔形态特征、外壁纹饰特征等可用于植物种质的鉴定和分类。植物花粉的微形态研究也为植物系统发育的研究提供了较为重要的理论支持。

　　扫描电镜，是一种利用电子束对样品表面进行扫描，获得样品表面微观信息的电子显微镜，较普通的光学显微镜具有高放大倍率和高分辨率等优点，因此被广泛应用于植物组织器官微观结构的研究。2015 年以来，本研究团队承担了福建省"2011 协同创新中心"中国乌龙茶产业协同创新中心专项项目（J2015－75）、中国海关总署科研项目（2020HK187）、福建省科技厅农业科技引导性项目（2021N0024）等多项课题，采用扫描电镜技术系统地开展了茶树品种资源的花粉与叶片微形态特征研究。本书全部内容属课题组原创性研究成果，包括茶树品种资源叶片微形态研究、茶树品种资源花粉微形态研究、福建特异茶树种质资源微形态研究、茶树品种资源叶片和花粉微形态图谱等 4 个部分，系统地介绍了课题组对不同类型茶树品种资源叶片和花粉微形态特征研究成果，首次挖掘出福建秃房野生茶群体种质资源，及其花器官（子房）微形态特征；并构建了 86 份全国（省级）茶树优良品种和地方品种（包括建瓯矮脚乌龙、鼓山半岩茶、永泰野生茶、福建水仙有性后代等）的微形态图谱。

在有关课题实施过程中，得到了福建农林大学杨江帆教授、林金科教授、金珊副教授、高水练副教授、林宏政实验师，福州海关技术中心蔡春平研究员，武夷学院王飞权副教授、王丽讲师、郑玉成讲师，西北农林科技大学王鹏杰教授、宁德职业技术学院潘玉华教授、陈静讲师，福建省农业农村厅徐飙教授级高级农艺师，建瓯市茶业发展中心潘宏英高级农艺师，寿宁县茶产业发展中心卢明基农艺师、魏明秀农艺师，云霄县海峡两岸茶业交流协会王彩云会长、云霄县农业农村局蔡捷英高级农艺师，云霄县茶叶科学研究所方德音所长、王金焕高级制茶师，漳州仙隐峰茶叶有限公司张木山董事长，福建省顾恒生态农业发展有限公司张英豪董事长，福建省元勋生态科技有限公司王元勋董事长等专家的指导和帮助；福建农林大学茶学专业 2016 级本科生张琛同学参与了课题资料的整理工作，在此一并表示感谢。

本专著的出版得到了福建农林大学优势特色学科（园艺）建设专项（722022011）资助。由于编者的学识有限，书中疏漏之处在所难免，恳请读者、同仁赐教惠正。

著　者

2023 年 7 月 30 日

# 目　录

# 第一章

# 茶树品种资源叶片微形态研究

　　植物叶片是光合作用的主要器官，也是植物变异性和可塑性较大的器官。叶片结构的变化可反映其自身对环境的适应性，叶片形态的多样性是植物重要的分类依据。近年来，茶学研究中有关茶树叶片微形态的研究鲜见报道。茶树叶片的显微结构对其光合作用、呼吸作用和蒸腾作用等一系列生命活动产生影响，与茶树的分类、遗传和抗逆性等有着密切的关系。观察、分析茶树品种资源叶片的微形态特征，对阐明茶树品种分类及其生理规律具有重要意义。

## 第一节　茶树叶片扫描电镜样品的制备方法

　　应用扫描电镜观察生物样品表面的微形态特征，以获得较光学显微镜观察结果更为细微的结构特征，得到具有特异性功能的微观结构和具有分类学意义的微形态性状，是生物学研究的重要手段之一。在利用扫描电镜对生物样品的微形态进行观察分析的研究中，能否获得真实、清晰、理想的扫描电镜观察结果，样品的制备过程是关键，绝大多数情况需要对生物样品进行干燥处理后才能镀金和进行扫描电镜观察。样品的前期干燥处理直接影响后期的观察效果，如果处理不好，会直接影响观察的清晰度与准确度，甚至直接导致实验失败。本研究以铁观音、黄棪、本山品种的老叶和嫩叶为供试材料，分别用烘箱干燥法、硅胶干燥法和真空冷冻干燥法进行实验处理，以期为茶树叶片扫描电镜样品的制备提供优化方法。

### (一) 材料与方法

　　1. **供试材料**　实验材料采自福建农林大学教学茶园的铁观音、黄棪、本山品种的茶树叶片，分别为春梢叶（老叶）和秋梢第三叶（嫩叶），采样时间为 2016 年 10 月下旬。

　　2. **仪器设备**　SU‐8010 型冷场发射扫描电镜（日立公司，日本）；E‐1010 型离子溅射镀膜仪（日立公司，日本）；DHG‐9240A 型可编程电热烘箱（上海一恒科学仪器有限公司，中国）；FD‐1‐50 型真空冷冻干燥机（北京博医康实验仪器有限公司，中国）；KQ‐300VDE 型超声波清洗仪（昆山舒美超声仪器有限公司，中国）。

　　3. **实验方法**　每个茶树品种选取老叶及嫩叶，用超声波清洗仪去除茶树叶片表面的杂质，于同一叶片中部选取 3 个 2 mm×2 mm 的小方块作为茶树叶片实验材料，分别进行烘箱干燥、硅胶干燥和真空冷冻干燥处理。

**（1）烘箱干燥法。** 将清洗过的茶树叶片样品放入 60 ℃的烘箱中干燥 4 h。

**（2）硅胶干燥法。** 将清洗过的茶树叶片样品直接放入硅胶中进行干燥处理 12 h。

**（3）真空冷冻干燥法。** 用 2.5%的戊二醛于 4 ℃冰箱中固定 3 h；用 0.1 mol/L、pH 为 6.8 的磷酸缓冲液冲洗 3 次，每次 10 min；分别用浓度为 50%、70%、80%、90% 的乙醇进行脱水，每次 15 min；用 100% 乙醇脱水 3 次，每次 15 min；最后将材料置于 100% 纯叔丁醇中浸泡 15 min 后放入真空冷冻干燥机进行干燥处理。

将 3 组样品观察面向上，用导电胶带固定于扫描电镜样品台上，用离子溅射镀膜仪在样品表面镀膜 80 s。冷场发射扫描电镜取 8.0 mm 的工作距离，20 μA 的灯丝电流，6 kV 的加速电压，在 200 倍和 500 倍的放大倍数下对茶树叶片进行观察并拍照。每个处理在 200 倍的放大倍数下取 10 个视野，对视野中的叶片气孔数量进行统计，用 SPSS 20.0 软件进行单因素方差分析。

## （二）结果与分析

由显微图像（图 1-1 至图 1-4）可以看出，3 个品种的茶树叶片背面均有毛被，为单毛；气孔均为复唇型气孔，长卵形且具有腺鳞组织，气孔器保卫细胞蜡质纹饰平滑。茶树老叶气孔器保卫细胞均突出于普通表皮细胞，气孔器外围覆 6 有 2 层皱脊，内层呈平滑、环状闭合，外层褶皱、环状不闭合，副卫细胞与普通的表皮细胞在同一平面；茶树嫩叶气孔器保卫细胞略突出于普通表皮细胞，气孔器外围覆有 1 层皱脊，呈平滑、环状闭合，副卫细胞略低于普通的表皮细胞。

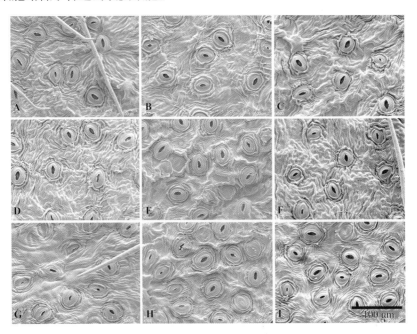

图 1-1　茶树老叶背面微形态特征

注：A 为本山，烘箱干燥；B 为黄棪，烘箱干燥；C 为铁观音，烘箱干燥；D 为本山，硅胶干燥；E 为黄棪，硅胶干燥；F 为铁观音，硅胶干燥；G 为本山，真空冷冻干燥；H 为黄棪，真空冷冻干燥；I 为铁观音，真空冷冻干燥。

图1-2　茶树老叶腹面微形态特征

注：A为本山，烘箱干燥；B为黄棪，烘箱干燥；C为铁观音，烘箱干燥；D为本山，硅胶干燥；E为黄棪，硅胶干燥；F为铁观音，硅胶干燥；G为本山，真空冷冻干燥；H为黄棪，真空冷冻干燥；I为铁观音，真空冷冻干燥。

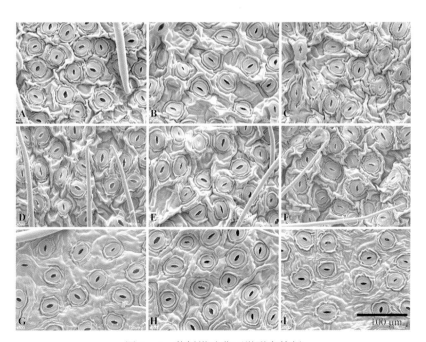

图1-3　茶树嫩叶背面微形态特征

注：A为本山，烘箱干燥；B为黄棪，烘箱干燥；C为铁观音，烘箱干燥；D为本山，硅胶干燥；E为黄棪，硅胶干燥；F为铁观音，硅胶干燥；G为本山，真空冷冻干燥；H为黄棪，真空冷冻干燥；I为铁观音，真空冷冻干燥。

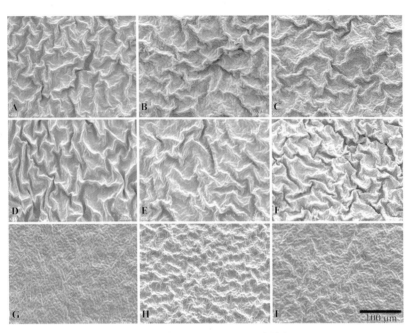

图1-4 茶树嫩叶腹面微形态特征

注：A为本山，烘箱干燥；B为黄棪，烘箱干燥；C为铁观音，烘箱干燥；D为本山，硅胶干燥；E为黄棪，硅胶干燥；F为铁观音，硅胶干燥；G为本山，真空冷冻干燥；H为黄棪，真空冷冻干燥；I为铁观音，真空冷冻干燥。

**1. 叶表面纹饰与变化** 由表1-1可以发现，不同茶树品种叶片腹面均有独特的纹饰特征，而相同的茶树品种经不同的干燥方法处理后，其微形态特征存在差异。

**（1）烘箱干燥法。** 3个品种的茶树叶片经过烘箱干燥处理后，在扫描电镜的观察下，茶树老叶原始形态保存良好，可以反映真实的微形态特征。而茶树嫩叶表面发生较为严重的收缩，叶片腹面褶皱较为严重，其表面纹饰均不能反映其真实的微形态特征。

**（2）硅胶干燥法。** 经过硅胶干燥处理后的茶树老叶，在扫描电镜的观察下，3个品种的茶树叶片并没有发生严重的皱缩现象。茶树嫩叶经硅胶干燥处理后，在扫描电镜的观察下，其叶表面发生严重的收缩，叶片腹面褶皱严重，其表面纹饰均不能反映真实的微形态特征。

**（3）真空冷冻干燥法。** 3个品种的茶树叶片经过真空冷冻干燥处理后，在扫描电镜的观察下，茶树老叶和嫩叶的原始形态均保存良好，均可反映真实的微形态特征。

**2. 叶表面气孔密度与变化** 对3个品种的茶树老叶和嫩叶进行气孔密度统计及方差分析（表1-2），在茶树老叶的结果方面，本山和铁观音2个品种的老叶经3种方法处理后，其气孔密度没有显著性差异，而黄棪经硅胶干燥处理后的气孔密度与烘箱干燥和真空冷冻干燥处理后相比，均具显著性差异；在茶树嫩叶的结果方面，3个茶树品种经烘箱干燥和硅胶干燥处理后的气孔密度均与真空冷冻干燥处理后的气孔密度存在显著性差异，其气孔密度较真空冷冻干燥处理均产生了较大的增加，其中本山嫩叶经烘箱干燥处理后，气孔密度达到了 437.67 个/mm$^2$，较真空冷冻干燥处理增加了 53.75%。

**3. 综合分析** 茶树叶片经3种不同的干燥方法处理后，茶树老叶和嫩叶呈现出不同的变化：茶树老叶经烘箱干燥或真空冷冻处理后，其叶片未发生收缩现象，表面纹饰和气孔密度均未受到影响，能反映真实的微形态特征，而经硅胶干燥后，虽然 3 个茶树品种的叶片微形态特征均在视野中保存较好，但黄棪叶片气孔密度异常，因此硅胶干燥法并不完全适用于茶树老叶的干燥处理；茶树嫩叶经真空冷冻干燥后，叶表面未产生收缩现象，其表面纹饰和气孔密度均未受到影响，能反映真实的微形态特征，而经烘箱干燥或硅胶干燥后，均发生严重的收缩现象，叶片表面纹饰和气孔密度均受到了不同程度的影响，不能反映真实的茶树叶片微形态特征，因此烘箱干燥法和硅胶干燥法并不适用于茶树嫩叶的干燥处理。

表 1-1　不同干燥方法对茶树叶片微形态的影响

| 品种 | 干燥方法 | 老叶 | | | 嫩叶 | | |
|---|---|---|---|---|---|---|---|
| | | 叶片是否发生收缩 | 气孔器是否变形 | 叶腹面纹饰特征 | 叶片是否发生收缩 | 气孔器是否变形 | 叶腹面纹饰特征 |
| 铁观音 | 烘箱干燥 | 否 | 否 | 平整，表面有紧密不规则块状凸起 | 是 | 是 | 网状皱脊，覆有脑状纹饰 |
| | 硅胶干燥 | 否 | 否 | 平整，表面有紧密不规则块状凸起 | 是 | 是 | 严重皱缩 |
| | 真空冷冻干燥 | 否 | 否 | 平整，表面有紧密不规则块状凸起 | 否 | 否 | 平整，表面有颗粒状凸起 |
| 黄棪 | 烘箱干燥 | 否 | 否 | 平整，表面有不规则块状凸起 | 是 | 是 | 网状皱脊 |
| | 硅胶干燥 | 否 | 否 | 较平整，表面有不规则块状凸起 | 是 | 是 | 网状皱脊 |
| | 真空冷冻干燥 | 否 | 否 | 平整，表面有不规则块状凸起 | 否 | 否 | 网状脊纹，表面有块状凸起 |
| 本山 | 烘箱干燥 | 否 | 否 | 平整，表面有球形凸起 | 是 | 否 | 波浪状皱脊 |
| | 硅胶干燥 | 否 | 否 | 平整，表面有球形凸起 | 是 | 是 | 紧密无规则条状褶皱 |
| | 真空冷冻干燥 | 否 | 否 | 平整，表面有球形凸起 | 否 | 否 | 平整，表面有紧密块状凸起 |

表 1-2　不同干燥方法的茶树叶片气孔密度（个/mm²）

| 叶片 | 干燥方法 | 铁观音 | 黄棪 | 本山 |
|---|---|---|---|---|
| 老叶 | 烘箱干燥 | 271.00±8.76a | 142.67±7.17cb | 171.33±11.78a |
| | 硅胶干燥 | 258.67±30.96a | 163.67±17.25a | 172.00±10.33a |
| | 真空冷冻干燥 | 272.00±14.07a | 148.33±7.90b | 167.33±10.16a |
| 嫩叶 | 烘箱干燥 | 406.67±19.31a | 337.33±16.16b | 437.67±35.49a |
| | 硅胶干燥 | 393.67±22.80a | 383.00±14.35a | 399.67±32.98b |
| | 真空冷冻干燥 | 267.67±10.78b | 273.00±12.61c | 284.67±11.13c |

注：同一列数字后的不同小写字母表示不同处理方法下差异显著（$P<0.05$）。

## （三）讨论与结论

本研究中 3 种茶树叶片扫描电镜样品制备干燥方法的原理各不相同：烘箱干燥法是利用热空气将热量传递给叶片，汽化叶片中的水分，形成水蒸气，从而达到快速干燥的效果；硅胶干燥法是通过硅胶干燥剂内部的毛细孔网状结构吸收水分，并通过其物理吸引力将水分保留，从而使样品脱水干燥；真空冷冻干燥法是将叶片在较低的温度下冻结成固态，然后在真空条件下使其中的水分不经液态直接升华成气态，最终使叶片脱水。对茶树叶片进行干燥处理时，由于水具有较大的内聚力和电极性，可与样品中的极性成分瞬间结合，在挥发干燥时会牵动样品组分，如果叶片较嫩，含水量较高，有可能造成样品收缩变形或微小断裂。在茶树老叶扫描电镜制样过程中，由于其含水量少、角质层和上下表皮较厚等特点，烘箱干燥法和真空冷冻干燥法均适合，但考虑到真空冷冻干燥法的操作复杂性及成本相对较高，所以在进行茶树老叶扫描电镜的研究中，采用烘箱干燥法是较为简便、经济、快速的制样方法。在茶树嫩叶扫描电镜制样过程中，茶树嫩叶含水较多、角质层和上下表皮较薄，采用烘箱干燥法或硅胶干燥法处理时容易发生变形收缩的现象，影响观察结果，而真空冷冻干燥法是选用高熔点的有机溶剂——叔丁醇作升华介质，使水分从固态直接转化为气态，不经过液态阶段，因而避免了气相和液相之间表面张力对样品的损伤。

综上，在茶树品种资源叶片微形态学研究中，建议茶树老叶采用烘箱干燥法进行扫描电镜样品制备，而茶树嫩叶采用真空冷冻干燥法进行扫描电镜样品制备。

# 第二节 红绿茶品种资源叶片微形态特征研究

植物学研究人员近年来对植物叶片微形态特征研究的重视程度逐渐加深，有关研究表明，叶表皮结构特征（如：表皮毛、气孔和其他附属物特征等）是较稳定的演化特征，对探讨现存植物的分类系统有重要意义。本研究通过对红绿茶品种资源叶片的微形态进行扫描电镜观察，以期为茶树种质资源微形态特征的分类提供依据。

## （一）材料与方法

1. **供试材料** 供试茶树品种来源于福建省宁德职业技术学院茶树品种资源圃。2017年 5 月下旬，取供试茶树成熟春梢第三叶，用超声波清洗仪去除表面杂质，将不同品种符合要求的叶片沿中脉切成 2 个 3 mm×3 mm 的小方块作为茶树叶片实验材料。

2. **仪器设备** 见本章第一节（一）材料与方法中的"2. 仪器设备"。

3. **样品前处理** 用 2.5% 的戊二醛将供试茶树叶片固定在 4 ℃ 的冰箱中 3 h；用0.1 mol/L、pH 为 6.8 的磷酸缓冲溶液进行每次 10 min 的冲洗，共 3 次；然后依次用浓度为 50%、70%、80% 和 90% 的乙醇进行每次 15 min 的脱水；用浓度为 100% 的乙醇进行每次 15 min 的脱水，共 3 次；最后用 100% 纯叔丁醇将供试茶树叶片浸泡 15 min 后，放入真空冷冻干燥机进行干燥处理。

4. **观察与分析** 将处理后的茶树样品表层用离子溅射镀膜仪镀膜 80 s，再用扫描电镜进行观测并拍照。在 200 倍的放大倍数下对供试茶树叶片进行拍照观测，统计视野中的叶片气孔数和茸毛数，对茸毛长度进行测量；在 2 000 倍的放大倍数下观察气孔形状，测量气孔和气孔器的长宽，并对气孔开度（内气孔宽/内气孔长）和气孔器大小（外气孔长×外气孔宽）进行计算；在 8 000 倍的放大倍数下观察茸毛形状，对茸毛直径进行测量。

5. **统计与分析** 参照戴志聪等（2009）的方法，采用 Image J 对相关性状特征进行测量，各性状特征的观察与测量均进行 15 个重复。参照李金花等（2015）的方法，以 SPSS 20.0 的 Scheffe 法进行单因素方差分析。定量指标直接以所测值进行赋值，定性多元性性状按不同形态进行编号 1，2，…，$n$，以 MVSP 3.1 进行聚类分析。参照薛林等（2010）的方法采用 Ward 最小方差法构建树状图，以 Origin 8.0 进行绘图。

## （二）结果与分析

茶树种质叶片为背腹叶，叶背有气孔分布，均有单毛被覆，叶腹有特殊的蜡质纹饰特征。

1. **茶树种质叶表气孔形态特征** 茶树种质叶表面气孔器形态均为长卵形，且均以单个无规则状态散布在叶背面。供试茶树种质均有腺鳞组织（图 1-5）。从表 1-3 可知，供试茶树种质的气孔开度、气孔器大小和气孔密度等微形态定量指标差异明显。供试茶树种质的气孔开度为 0.23～0.68，其中，乐昌白毛茶的气孔开度最大，福云 595 的气孔开度最小。气孔器大小为 306.44～736.87 $\mu m^2$，其中，乐昌白毛茶的气孔器最大，向天梅的气孔器最小。气孔密度为 152.15～489.25 个/$mm^2$，其中，乐昌白毛茶的气孔密度最大，九龙大白茶的气孔密度最小。说明茶树种质的气孔开度、气孔器大小和气孔密度均存在差异，种内具有多样性。

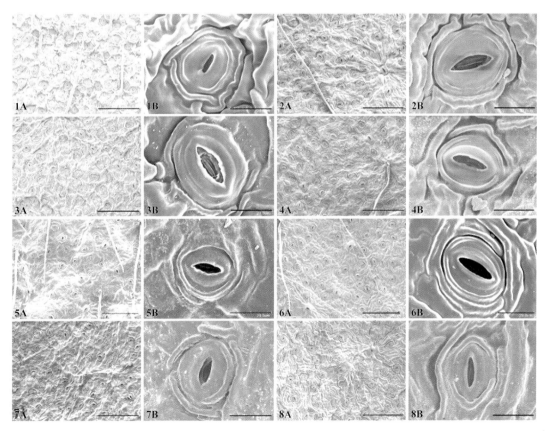

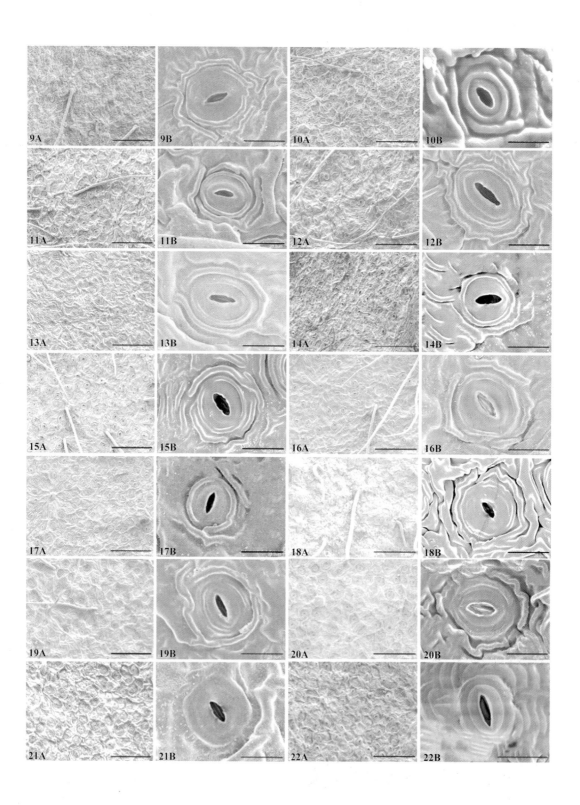

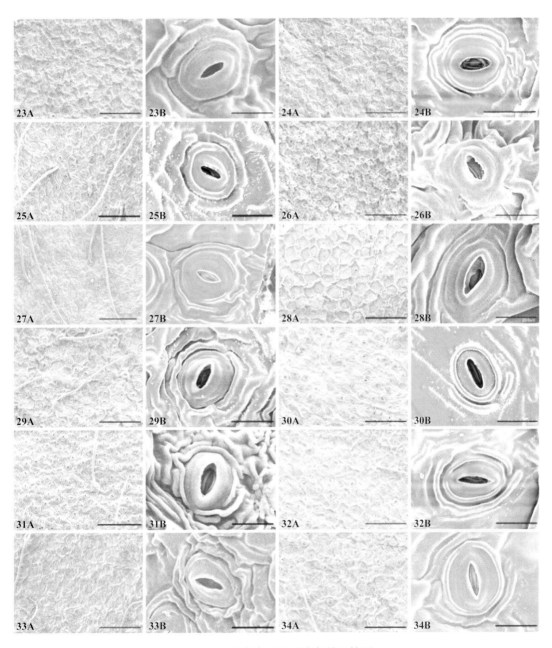

图 1-5　茶树气孔微形态扫描电镜图

注：1～34 分别为供试茶树品种编号，详见表 1-3，本节余后同；A 为茶树气孔整体面观，标尺 200 μm；B 为气孔器形态，标尺 20 μm。

表1-3 供试茶树种质叶片微形态性状指标与纹饰特征

| 编号 | 品种 | 内气孔长 (μm) | 内气孔宽 (μm) | 外气孔长 (μm) | 外气孔宽 (μm) | 气孔开度 (μm) | 气孔器大小 (μm²) | 气孔密度 (个/mm²) | 茸毛长度 (μm) | 茸毛直径 (μm) | 叶表蜡质纹饰 |
|---|---|---|---|---|---|---|---|---|---|---|---|
| 1 | 霞浦元宵绿 | 12.09±1.42 | 3.70±0.85 | 22.90±1.00 | 16.93±0.71 | 0.31±0.05 | 387.67±0.71 | 385.71±16.70 | 424.17±32.66 | 9.70±0.73 | 皱脊状 |
| 2 | 福安大白茶 | 21.91±1.42 | 6.26±0.43 | 32.43±1.42 | 21.62±1.99 | 0.28±0.03 | 701.24±2.83 | 168.82±17.04 | 602.27±54.68 | 9.66±1.42 | 波浪状 |
| 3 | 福鼎大白茶 | 16.93±3.13 | 6.26±1.28 | 29.73±2.99 | 22.33±1.56 | 0.37±0.07 | 663.95±4.67 | 227.42±7.15 | 447.52±20.51 | 10.52±0.84 | 波浪状 |
| 4 | 福鼎大毫茶 | 18.78±1.99 | 5.26±1.42 | 29.16±3.41 | 17.50±1.56 | 0.28±0.06 | 510.21±5.34 | 196.24±19.03 | 809.28±73.47 | 8.49±1.17 | 平展状 |
| 5 | 早逢春 | 21.48±1.28 | 10.67±2.13 | 29.16±3.70 | 25.18±3.41 | 0.35±0.07 | 734.20±12.63 | 381.72±39.14 | 582.64±12.66 | 9.27±1.76 | 平展状 |
| 6 | 吴山清明茶 | 15.79±3.27 | 4.41±1.00 | 26.17±3.13 | 16.36±2.28 | 0.29±0.06 | 428.16±7.12 | 233.87±14.64 | 731.92±93.20 | 7.27±0.54 | 平展状 |
| 7 | 政和大白茶 | 15.08±1.00 | 4.84±0.71 | 24.61±0.71 | 17.78±1.28 | 0.32±0.04 | 437.57±0.91 | 208.06±10.98 | 514.24±70.26 | 9.85±1.49 | 波浪状 |
| 8 | 九龙大白茶 | 14.94±1.28 | 4.27±0.71 | 26.88±1.56 | 18.21±1.56 | 0.28±0.04 | 489.51±2.45 | 152.15±5.07 | 236.81±14.59 | 8.37±1.12 | 平展状 |
| 9 | 筍绮 | 12.09±1.28 | 3.70±0.71 | 25.18±1.85 | 19.06±0.85 | 0.30±0.05 | 479.92±1.58 | 222.04±10.77 | 536.97±11.05 | 9.88±1.37 | 皱脊状 |
| 10 | 向天梅 | 11.97±2.04 | 4.45±0.89 | 20.77±2.35 | 14.75±1.87 | 0.38±0.07 | 306.44±4.38 | 301.94±27.79 | 708.04±38.72 | 3.18±0.25 | 波浪状 |
| 11 | 福云6号 | 14.51±2.13 | 4.13±0.85 | 23.90±2.13 | 15.93±2.56 | 0.29±0.03 | 380.73±5.46 | 329.95±21.65 | 612.44±83.45 | 8.83±1.29 | 平展状 |
| 12 | 福云7号 | 14.65±1.85 | 4.55±0.57 | 27.45±1.99 | 18.63±1.14 | 0.31±0.05 | 511.59±2.27 | 190.86±11.99 | 512.27±44.38 | 8.98±0.90 | 波浪状 |
| 13 | 福云8号 | 12.09±3.27 | 3.56±1.14 | 24.32±2.70 | 16.93±1.85 | 0.29±0.04 | 411.75±5.00 | 259.14±14.27 | 622.76±20.44 | 9.52±1.60 | 平展状 |
| 14 | 福云10号 | 12.94±1.42 | 4.69±0.71 | 23.90±2.13 | 16.07±1.56 | 0.37±0.06 | 384.13±3.34 | 246.24±48.45 | 545.24±55.69 | 9.30±1.29 | 平展状 |
| 15 | 福云20号 | 15.50±0.85 | 5.26±0.85 | 24.75±1.71 | 16.93±1.00 | 0.34±0.06 | 418.97±1.70 | 356.45±14.28 | 445.32±54.68 | 8.59±1.23 | 平展状 |
| 16 | 福云595 | 17.64±1.85 | 3.98±0.71 | 28.02±1.56 | 19.35±1.85 | 0.23±0.05 | 542.12±2.89 | 189.78±22.23 | 645.70±44.87 | 9.70±1.03 | 平展状 |
| 17 | 迎霜 | 11.81±1.42 | 3.98±0.43 | 21.91±2.28 | 17.21±1.28 | 0.34±0.05 | 377.05±2.91 | 318.82±32.23 | 567.07±18.85 | 10.17±0.60 | 平展状 |

（续）

| 编号 | 品种 | 内气孔长（μm） | 内气孔宽（μm） | 外气孔长（μm） | 外气孔宽（μm） | 气孔开度（μm） | 气孔器大小（μm²） | 气孔密度（个/mm²） | 茸毛长度（μm） | 茸毛直径（μm） | 叶表蜡质纹饰 |
|---|---|---|---|---|---|---|---|---|---|---|---|
| 18 | 乐昌白毛茶 | 12.66±1.99 | 8.39±1.42 | 28.31±2.70 | 26.03±5.83 | 0.68±0.15 | 736.87±15.76 | 489.25±18.31 | 447.93±35.50 | 12.36±0.89 | 波浪状 |
| 19 | 龙井种 | 23.61±8.82 | 9.39±2.84 | 31.58±7.97 | 22.33±2.66 | 0.42±0.13 | 705.25±22.66 | 286.56±11.69 | 601.23±12.91 | 9.52±1.58 | 波浪状 |
| 20 | 龙井43 | 14.79±1.85 | 5.55±1.42 | 25.18±1.56 | 19.06±1.28 | 0.38±0.13 | 479.92±2.00 | 283.87±12.90 | 454.59±19.31 | 10.77±1.79 | 波浪状 |
| 21 | 白叶1号 | 13.09±3.41 | 5.12±1.00 | 25.32±3.27 | 18.92±1.85 | 0.41±0.11 | 479.03±6.05 | 300.54±6.56 | 350.05±88.95 | 10.45±0.82 | 波浪状 |
| 22 | 中茶102 | 14.79±2.13 | 4.41±1.00 | 24.18±2.84 | 18.63±0.71 | 0.30±0.05 | 450.62±2.02 | 299.54±20.07 | 431.39±66.49 | 10.14±0.60 | 波浪状 |
| 23 | 中茶108 | 15.50±1.71 | 6.26±1.14 | 26.32±2.70 | 18.07±1.00 | 0.41±0.09 | 475.41±2.69 | 288.71±19.60 | 354.77±26.14 | 8.63±1.16 | 波浪状 |
| 24 | 嘉茗1号 | 12.09±2.70 | 3.70±1.28 | 24.61±2.99 | 17.64±0.85 | 0.32±0.09 | 434.07±2.55 | 358.60±23.66 | 371.38±35.53 | 10.63±0.57 | 波浪状 |
| 25 | 祁门种 | 9.96±1.71 | 2.70±1.00 | 20.48±2.13 | 15.36±2.13 | 0.27±0.09 | 314.68±4.55 | 311.29±28.29 | 594.32±50.61 | 9.45±0.83 | 皱脊状 |
| 26 | 宁州种 | 12.52±1.99 | 4.55±1.28 | 22.90±2.56 | 17.35±2.56 | 0.37±0.13 | 397.44±6.56 | 409.22±24.10 | 402.16±40.80 | 10.69±1.00 | 平展状 |
| 27 | 湘波绿 | 12.94±1.42 | 4.84±0.71 | 24.47±2.84 | 17.64±1.28 | 0.37±0.06 | 431.56±3.64 | 310.60±34.99 | 694.47±23.15 | 9.10±1.53 | 波浪状 |
| 28 | 紫阳种 | 13.09±3.84 | 4.84±1.42 | 28.45±2.13 | 18.63±1.28 | 0.38±0.11 | 530.14±2.73 | 288.17±21.93 | 445.9±91.08 | 10.02±1.47 | 波浪状 |
| 29 | 昌宁大叶茶 | 18.35±4.69 | 5.97±1.28 | 28.17±4.55 | 20.63±2.56 | 0.33±0.05 | 580.93±11.65 | 393.55±16.66 | 573.37±31.66 | 10.61±1.10 | 波浪状 |
| 30 | 凤庆大叶茶 | 13.94±1.99 | 4.13±0.71 | 25.60±2.13 | 16.22±0.71 | 0.30±0.05 | 415.21±1.52 | 307.83±12.05 | 546.19±49.02 | 9.81±2.02 | 平展状 |
| 31 | 云抗10号 | 18.41±1.74 | 6.67±0.84 | 28.33±1.95 | 18.65±2.19 | 0.36±0.04 | 528.35±4.27 | 295.48±6.90 | 483.77±117.59 | 2.64±0.30 | 皱脊状 |
| 32 | 白云1号 | 15.79±1.56 | 4.41±0.71 | 25.18±1.71 | 16.07±1.14 | 0.28±0.05 | 404.71±1.94 | 348.39±13.81 | 507.34±30.15 | 8.51±0.89 | 平展状 |
| 33 | 湄潭苔茶 | 14.51±2.70 | 3.84±1.00 | 28.02±1.28 | 17.78±3.56 | 0.28±0.10 | 498.27±4.55 | 290.86±15.18 | 511.30±34.69 | 8.23±0.85 | 平展状 |
| 34 | 古蔺牛皮茶 | 17.21±1.42 | 5.97±1.14 | 29.16±2.42 | 20.06±1.99 | 0.35±0.05 | 584.87±4.82 | 256.68±38.51 | 402.22±19.34 | 9.95±0.61 | 平展状 |

**2. 茶树种质叶表茸毛形态特征** 茶树种质的茸毛均分布在茶树叶片的叶背面。供试茶树种质的茸毛长度和茸毛直径均存在明显差异。供试茶树种质的茸毛长度为236.81～809.28 μm，其中，福鼎大毫茶的茸毛最长，九龙大白茶的茸毛最短。说明供试茶树种质的茸毛长度和茸毛直径具有明显的种内异质性和多样性。通过对图1-6的观察分析可得，供试茶树种质茸毛表面纹饰主要可分为短棒型、长条纹型和平滑型3种类型。由表1-4可知，其中，茸毛表面纹饰为长条纹型的茶树品种有10个，为短棒型的茶树品种有20个，为平滑型的茶树品种有4个，可见供试茶树品种的茸毛表面纹饰多为短棒型和长条纹型，说明不同茶树种质叶片的茸毛表面纹饰特征具有显著的种内异质性和多样性。

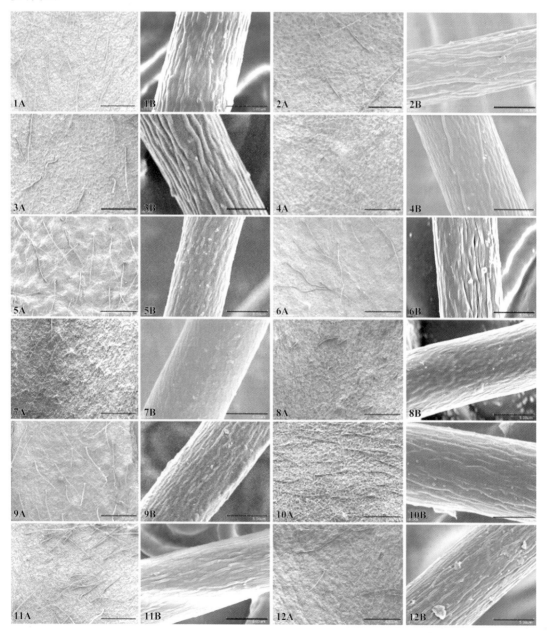

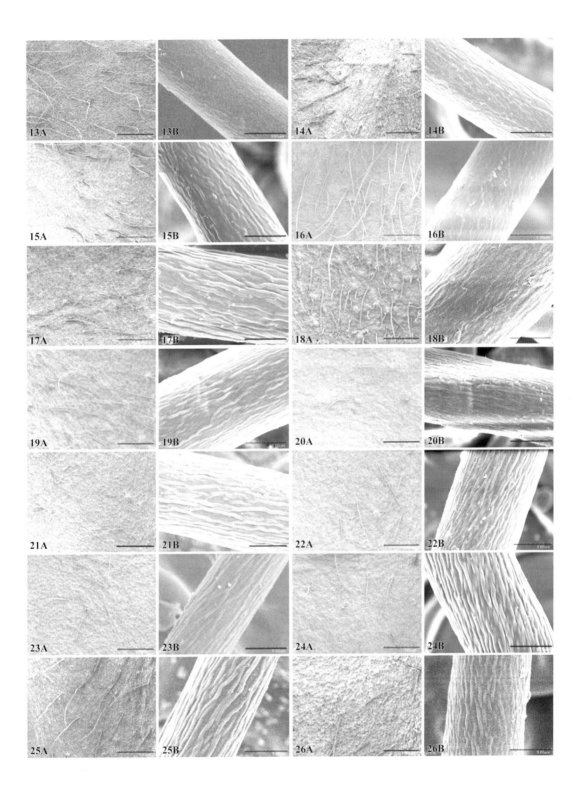

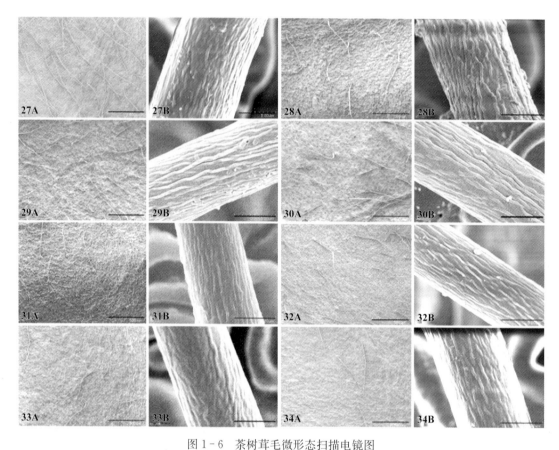

图1-6　茶树茸毛微形态扫描电镜图

注：1～34为供试茶树品种编号；A为茸毛整体面观，标尺500 μm；B为茸毛表面纹饰特征，标尺5 μm。

表1-4　供试茶树种质叶表茸毛表面纹饰的微形态分类

| 茸毛表面纹饰类型 | 数量 | 茶树品种 |
| --- | --- | --- |
| 长条纹型 | 10 | 福鼎大白茶、福鼎大毫茶、吴山清明茶、向天梅、福云8号、嘉茗1号、祁门种、昌宁大叶茶、凤庆大叶茶、湄潭苔茶 |
| 短棒型 | 20 | 霞浦元宵绿、福安大白茶、政和大白茶、九龙大白茶、筥绮、福云6号、福云10号、福云20号、福云595、迎霜、龙井种、白叶1号、中茶102、中茶108、宁州种、湘波绿、紫阳种、云抗10号、白云1号、古蔺牛皮茶 |
| 平滑型 | 4 | 早逢春、福云7号、乐昌白毛茶、龙井43 |

**3. 茶树种质叶腹面蜡质纹饰形态特征**　从图1-7可知，茶树种质叶腹面蜡质纹饰主要可分为波浪状、平展状和皱脊状3种纹饰类型，通过观察，结果表明蜡质纹饰为波浪状的茶树品种包括：福安大白茶、福鼎大白茶、九龙大白茶、福云6号、福云8号、乐昌白毛茶、龙井种、龙井43、白叶1号、中茶102、中茶108、嘉茗1号、祁门种、紫阳种和

昌宁大叶茶；蜡质纹饰为平展状的茶树品种包括：福鼎大毫茶、早逢春、吴山清明茶、政和大白茶、筥绮、福云 7 号、福云 10 号、福云 20 号、福云 595、迎霜、湘波绿、凤庆大叶茶、白云 1 号、湄潭苔茶和古蔺牛皮茶；蜡质纹饰为皱脊状的茶树品种包括：霞浦元宵绿、向天梅、宁州种和云抗 10 号。说明茶树种质叶腹面的蜡质纹饰特征具有较丰富的遗传多样性。

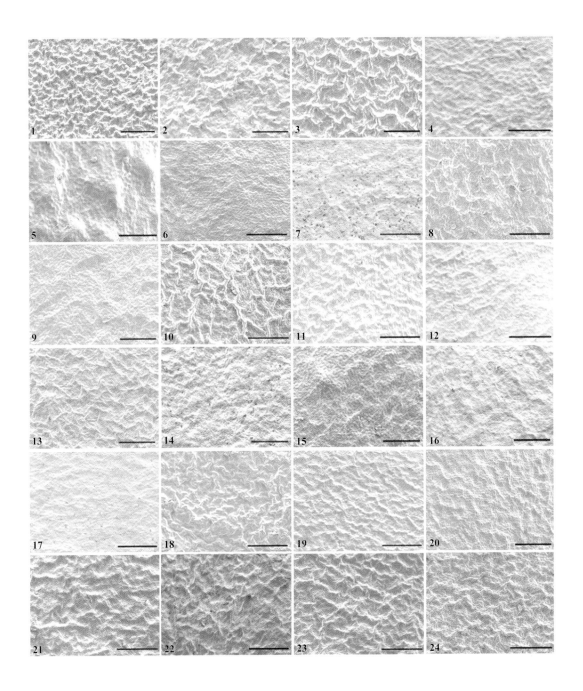

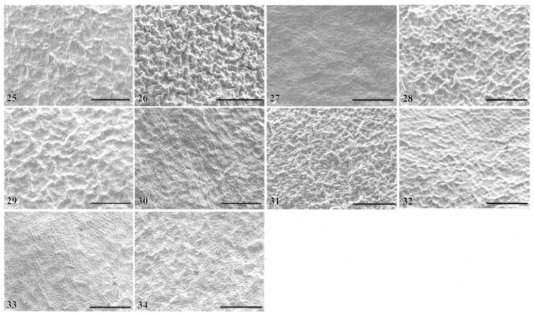

图 1-7　茶树叶腹面蜡质纹饰扫描电镜图

注：1～34 分别为供试茶树品种编号，标尺 200 μm。

### （三）讨论与结论

#### 1. 讨论

**（1）** 叶片是茶树进行光合作用、蒸腾作用和气体交换的主要器官，也是生产采摘的主要部位。通过对扫描结果的观察与分析，茶树品种叶片为背腹叶，叶背有气孔分布，均有单毛被覆，叶腹有特殊的蜡质纹饰特征。

**（2）** 供试茶树种质叶表的气孔器形态均为长卵形，且均以单个无规则状态散布在叶背面；供试茶树种质均有腺鳞组织。供试茶树种质的气孔开度、气孔器大小和气孔密度等微形态定量指标差异明显。叶表茸毛均分布在茶树叶片的叶背面，茸毛表面纹饰可分为短棒型、长条纹型和平滑型 3 种类型；叶表茸毛长度和茸毛直径均具有明显的种内异质性和多样性特征。茶树种质叶腹面蜡质纹饰可分为波浪状、平展状和皱脊状 3 种类型，说明茶树种质的蜡质纹饰特征具有丰富的遗传多样性。

**2. 结论**　对 34 份茶树种质资源叶表皮微形态进行观察与分析，结果显示：供试茶树种质的气孔开度为 0.23～0.68，气孔器大小为 306.44～736.87 μm²，气孔密度为 152.15～489.25 个/mm²。供试茶树种质叶表茸毛纹饰主要分为长条纹型、光滑型和短棒型 3 种类型；叶腹面蜡质纹饰主要分为波浪状、平展状和皱脊状 3 种类型；茶树种质的气孔器均呈长卵形。表明叶片微形态特征可作为鉴别茶树品种特征的一个依据。

## 第三节　乌龙茶品种资源叶片微形态特征研究

分析乌龙茶种质叶片的微形态性状，对探明乌龙茶品种资源叶片微形态特征及其分类具有重要意义。扫描电镜已广泛应用于植物叶表面特征分析，但主要集中在植物分类、抗逆性和遗传变异等方面。迄今，有关乌龙茶品种叶片微形态的研究鲜见报道。本研究使用冷场发射扫描电镜观察 27 份乌龙茶种质叶片的微形态，分析叶片气孔、茸毛和蜡质纹饰形态特征，为探明乌龙茶品种资源的微形态特征及其分类提供参考依据。

## （一）材料与方法

1. **供试材料** 供试乌龙茶品种资源由福建省宁德职业技术学院茶树品种资源圃提供，取供试茶树成熟秋梢第三叶，用超声波清洗仪去除茶树叶片表面的杂质，于同一叶片中部选取 3 个 2 mm×2 mm 的小方块作为茶树叶片实验材料。

2. **仪器设备** 见本章第一节（一）材料与方法中的"2. 仪器设备"。

3. **样品前处理** 见本章第二节（一）材料与方法中的"3. 样品前处理"。

4. **观察与分析** 见本章第二节（一）材料与方法中的"4. 观察与分析"。

5. **统计与分析** 见本章第二节（一）材料与方法中的"5. 统计与分析"。

## （二）结果与分析

27 份乌龙茶种质的叶片均为背腹叶，叶腹有独特的蜡质纹饰特征，叶背有毛被，为单毛，气孔均分布在叶背，且具有腺鳞组织。

1. **叶表气孔形态特征** 从图 1-8 和表 1-5 可看出，27 份乌龙茶种质叶片的气孔器均为长卵形，保卫细胞外有两层副卫细胞，内层环状闭合，两极下陷，外层环状不闭合，气孔器均以单个随机散布在叶背面，取向无规则，具有腺鳞组织。由表 1-5 可知，供试茶树品种气孔器大小为 267.32～519.72 $\mu m^2$，最小的为白牡丹，最大的为水金龟；气孔开度为 0.20～0.37，最小的为慢奇兰，最大的为铁观音和白奇兰；气孔密度为 151.85～366.98 个/$mm^2$，最小的为白样观音，最大的为肉桂。气孔器形状在种间较相似，气孔开度和气孔密度等性状指标在种间存在一定差异，但受环境变化影响较明显，因此气孔形态特征不适用于种间分类。

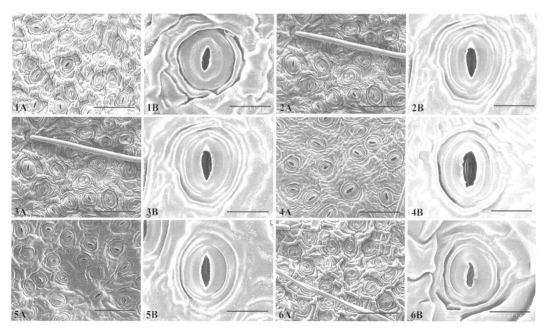

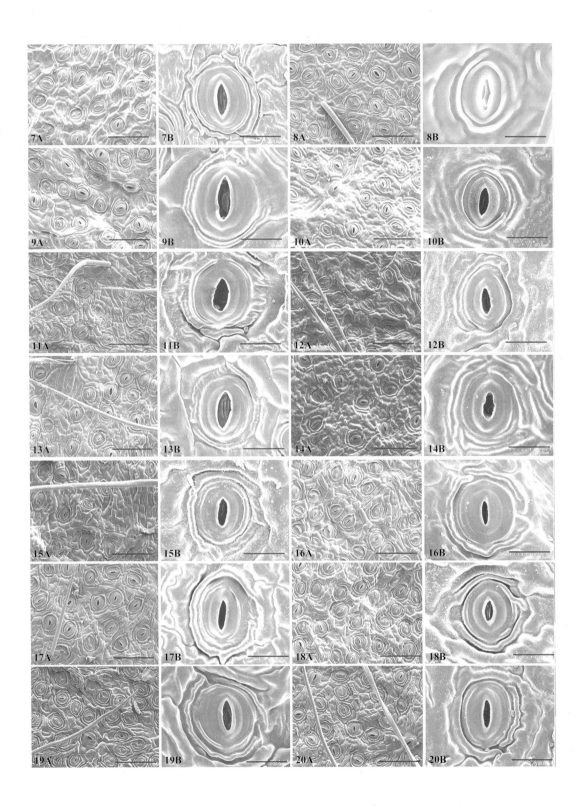

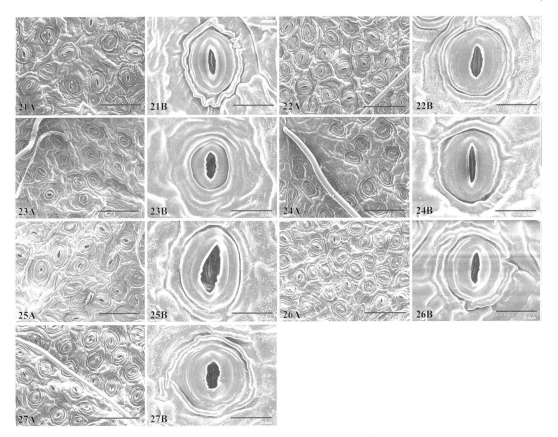

图1-8　茶树叶片气孔微形态电子显微图

注：1～27分别为供试茶树品种编号，详见表1-5，本节余后同；A为气孔整体面观，标尺100 μm；B为气孔器形态，标尺20 μm。

**2. 叶表茸毛形态特征**　从图1-9和表1-5可看出，供试茶树品种的叶片茸毛均分布在叶背面；不同品种间茸毛长度差异较明显，其中茸毛最长的为梅占（854.58 μm），最短的为水金龟（277.99 μm）；茸毛直径最大的为梅占（13.69 μm），最小的为黄棪（7.50 μm）。对供试茶树种质叶表茸毛表面纹饰进行观察，发现茸毛表面纹饰可分为长条纹型、短棒型和平滑型3种类型，以长条纹型和短棒型居多。茶树叶片茸毛性状在不同茶树品种间差异明显，且茸毛纹饰具有一定的多样性，因此叶表茸毛形态可作为乌龙茶种质资源分类鉴定的手段之一。

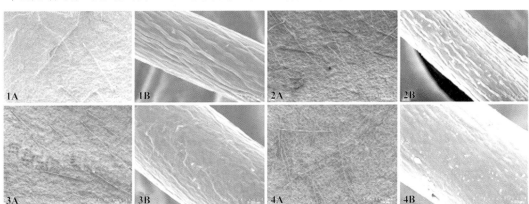

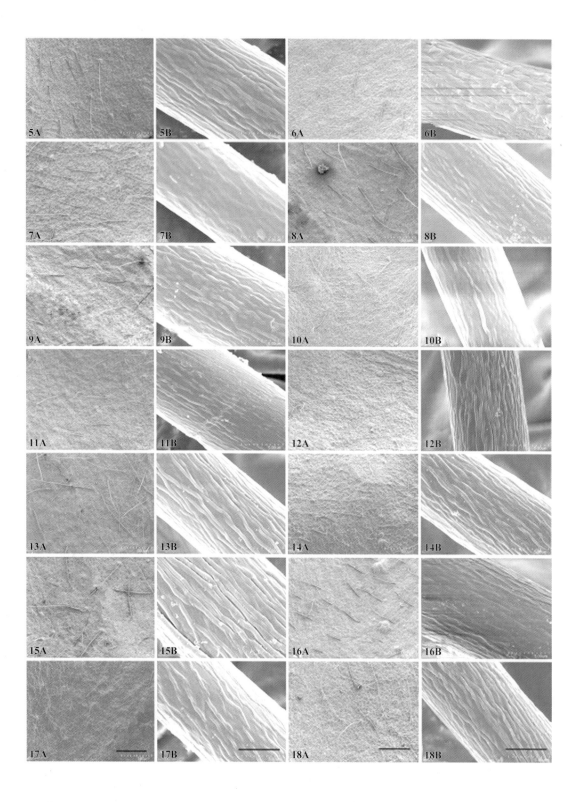

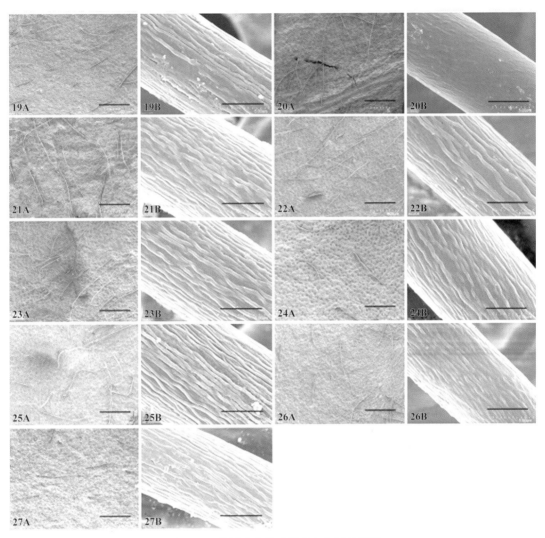

图 1-9 茶树叶表茸毛微形态电子显微图

注：1～27 分别为供试茶树品种编号；A 为茸毛整体面观，标尺 500 μm；B 为茸毛纹饰特征，标尺 5 μm。

**3. 叶腹面蜡质纹饰** 从图 1-10 和表 1-5 可看出，供试茶树品种叶腹面蜡质纹饰可分为皱脊状、波浪状和平展状 3 种类型，其中波浪状主要包括肉桂、铁罗汉和大红袍等闽北茶树品种，平展状主要包括本山、梅占和桃仁等闽南茶树品种。说明相同地域来源的茶树种质，其叶腹面蜡质纹饰较形似；叶腹面腊质纹饰具有一定的地域相关性。

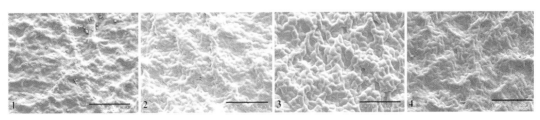

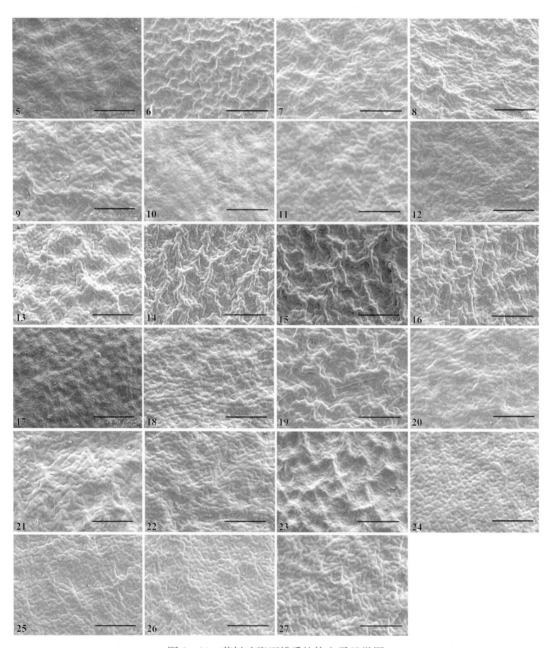

图 1 - 10  茶树叶腹面蜡质纹饰电子显微图

注：1～27 分别为供试茶树品种的编号；标尺 100 μm。

**4. 乌龙茶种质不同树型的叶片微形态对比**  由表 1 - 6 和表 1 - 7 可知，灌木型茶树叶片的茸毛显著短于小乔木型茶树（$P<0.05$，下同），气孔密度显著大于小乔木型茶树。从图 1 - 11 可看出，小乔木型茶树无皱脊状叶表蜡质纹饰，87.5％的小乔木型茶树叶表蜡质纹饰为平展状。说明供试茶树种质的叶表蜡质纹饰和茸毛长度在较大程度上受树型影响，因此在依据叶表蜡质纹饰和茸毛长度对茶树种质进行分类鉴定时，应考虑树型因素。

表1-5　27份乌龙茶种质叶片的微形态性状指标与纹饰特点

| 编号 | 品种 | 内气孔长(μm) | 内气孔宽(μm) | 外气孔长(μm) | 外气孔宽(μm) | 气孔开度 | 气孔器大小(μm²) | 气孔密度(个/mm²) | 茸毛长度(μm) | 茸毛直径(μm) | 叶腹面蜡质纹饰形状 | 叶表茸毛纹饰形状 |
|---|---|---|---|---|---|---|---|---|---|---|---|---|
| 1 | 肉桂 | 13.33±2.88 | 4.07±0.73 | 21.75±1.95 | 15.66±0.85 | 0.31±0.06 | 340.66±38.39 | 366.98±17.25 | 547.79±13.45 | 10.98±0.75 | 波浪状 | 长条纹型 |
| 2 | 铁罗汉 | 12.41±3.40 | 3.68±0.59 | 21.80±1.88 | 13.94±0.33 | 0.30±0.03 | 303.98±42.18 | 235.94±22.08 | 692.93±60.02 | 10.43±0.91 | 波浪状 | 短棒型 |
| 3 | 水金龟 | 15.23±4.75 | 4.29±0.28 | 34.62±1.98 | 15.01±1.29 | 0.28±0.06 | 519.72±41.88 | 160.02±25.16 | 277.99±23.83 | 12.70±0.81 | 波浪状 | 短棒型 |
| 4 | 大红袍 | 14.85±2.58 | 4.30±0.86 | 23.23±1.90 | 14.13±0.04 | 0.29±0.01 | 328.22±28.30 | 320.03±71.28 | 753.85±76.62 | 10.53±1.00 | 波浪状 | 长条纹型 |
| 5 | 小红袍 | 14.88±2.67 | 3.68±0.09 | 24.38±1.92 | 15.11±1.10 | 0.25±0.01 | 368.42±39.65 | 228.59±50.73 | 554.49±19.51 | 12.10±0.94 | 平展状 | 短棒型 |
| 6 | 福建水仙 | 13.95±2.56 | 4.67±0.04 | 28.75±1.78 | 16.70±0.33 | 0.33±0.03 | 480.29±35.72 | 238.39±28.53 | 820.64±40.53 | 9.96±0.94 | 平展状 | 长条纹型 |
| 7 | 高脚乌龙 | 12.77±2.56 | 4.01±0.93 | 21.75±1.59 | 14.55±2.10 | 0.31±0.02 | 316.46±32.73 | 318.40±36.71 | 589.89±30.13 | 8.89±0.98 | 波浪状 | 短棒型 |
| 8 | 软枝乌龙 | 13.47±2.89 | 4.54±0.05 | 23.34±1.73 | 15.78±0.42 | 0.34±0.04 | 368.30±38.97 | 279.21±33.50 | 809.63±51.72 | 11.39±1.07 | 波浪状 | 短棒型 |
| 9 | 大红 | 12.62±2.92 | 3.22±0.49 | 25.59±1.86 | 15.67±0.42 | 0.26±0.06 | 400.98±36.84 | 235.13±31.56 | 492.53±13.46 | 13.67±1.54 | 皱脊状 | 长条纹型 |
| 10 | 桃仁 | 15.72±3.94 | 4.02±0.37 | 28.37±1.55 | 16.34±1.32 | 0.26±0.01 | 463.47±30.49 | 188.75±37.55 | 536.70±50.91 | 11.41±1.00 | 平展状 | 短棒型 |
| 11 | 木山 | 12.84±2.71 | 4.09±0.22 | 23.99±1.58 | 16.26±2.61 | 0.32±0.01 | 390.06±34.81 | 287.38±25.99 | 531.68±13.04 | 10.55±0.76 | 平展状 | 平滑型 |
| 12 | 梅占 | 15.02±3.08 | 5.05±0.69 | 24.13±1.58 | 16.27±1.75 | 0.34±0.03 | 392.60±41.37 | 209.54±33.12 | 854.58±68.24 | 13.69±1.19 | 平展状 | 平滑型 |
| 13 | 白奇兰 | 13.99±2.42 | 5.17±1.18 | 23.78±1.61 | 16.26±2.43 | 0.37±0.05 | 386.67±33.85 | 258.80±31.62 | 576.42±16.28 | 11.62±1.09 | 波浪状 | 短棒型 |
| 14 | 早奇兰 | 12.80±2.84 | 3.86±0.05 | 22.00±1.74 | 14.98±0.41 | 0.30±0.04 | 329.49±36.36 | 261.25±24.71 | 639.35±81.29 | 9.95±1.16 | 皱脊状 | 短棒型 |

（续）

| 编号 | 品种 | 内气孔长（μm） | 内气孔宽（μm） | 外气孔长（μm） | 外气孔宽（μm） | 气孔开度 | 气孔器大小（μm²） | 气孔密度（个/mm²） | 茸毛长度（μm） | 茸毛直径（μm） | 叶腹面蜡质纹饰形状 | 叶表茸毛纹饰形状 |
|---|---|---|---|---|---|---|---|---|---|---|---|---|
| 15 | 慢奇兰 | 15.95±2.03 | 3.13±0.10 | 25.43±1.56 | 13.95±2.51 | 0.20±0.06 | 354.86±32.36 | 244.92±47.93 | 457.38±16.68 | 10.65±1.25 | 皱脊状 | 平滑型 |
| 16 | 竹叶奇兰 | 13.15±2.41 | 4.23±0.91 | 22.96±1.54 | 14.14±1.28 | 0.32±0.04 | 324.55±31.69 | 310.78±27.06 | 540.36±24.48 | 10.35±1.42 | 波浪状 | 短棒型 |
| 17 | 八仙茶 | 11.37±2.95 | 3.36±0.15 | 21.32±1.60 | 13.90±2.41 | 0.30±0.02 | 296.39±33.50 | 266.15±21.40 | 634.36±19.30 | 10.39±1.23 | 平展状 | 短棒型 |
| 18 | 杏仁茶 | 15.95±2.28 | 4.14±0.46 | 24.81±1.81 | 15.32±0.44 | 0.26±0.04 | 380.14±36.34 | 227.66±22.48 | 526.24±28.47 | 11.22±1.31 | 皱脊状 | 平滑型 |
| 19 | 白牡丹 | 10.35±3.26 | 2.45±0.67 | 20.91±1.61 | 12.78±1.61 | 0.24±0.05 | 267.32±33.81 | 218.80±26.94 | 670.51±12.15 | 12.77±1.13 | 平展状 | 长条纹型 |
| 20 | 铁观音 | 11.49±1.18 | 4.20±0.11 | 22.13±0.98 | 14.23±1.62 | 0.37±0.04 | 315.05±46.12 | 288.79±28.67 | 655.42±23.08 | 9.77±1.51 | 平展状 | 长条纹型 |
| 21 | 黄棪 | 13.20±2.50 | 4.34±0.14 | 23.35±1.61 | 17.99±1.43 | 0.33±0.03 | 419.96±51.67 | 183.42±13.16 | 528.30±13.11 | 7.50±0.24 | 波浪状 | 短棒型 |
| 22 | 白样观音 | 15.50±2.20 | 4.68±0.19 | 25.28±1.66 | 15.78±0.75 | 0.30±0.01 | 398.92±34.19 | 151.85±14.73 | 669.57±73.35 | 11.03±0.88 | 平展状 | 长条纹型 |
| 23 | 红心观音 | 12.61±2.78 | 2.75±0.40 | 21.93±1.62 | 14.36±1.17 | 0.22±0.04 | 314.95±25.01 | 297.99±20.12 | 432.18±40.27 | 11.85±0.80 | 平展状 | 短棒型 |
| 24 | 白芽奇兰 | 14.90±2.48 | 4.21±0.25 | 25.18±1.86 | 16.02±1.29 | 0.28±0.05 | 403.46±36.93 | 268.44±27.17 | 687.80±22.97 | 10.27±1.11 | 波浪状 | 短棒型 |
| 25 | 四季春 | 13.91±2.48 | 3.94±1.16 | 23.04±1.80 | 16.00±0.45 | 0.28±0.03 | 368.53±34.44 | 235.67±10.47 | 503.69±62.63 | 11.22±1.21 | 波浪状 | 短棒型 |
| 26 | 金萱 | 13.58±2.44 | 3.12±0.16 | 24.50±1.81 | 14.13±0.80 | 0.23±0.03 | 346.24±33.06 | 315.68±13.97 | 513.44±55.50 | 10.46±0.85 | 平展状 | 短棒型 |
| 27 | 翠玉 | 13.88±2.33 | 4.81±0.92 | 23.59±1.73 | 15.15±0.25 | 0.35±0.02 | 357.37±32.33 | 228.59±20.63 | 449.37±27.80 | 11.64±1.14 | 平展状 | 长条纹型 |

表1-6 不同树型茶树气孔微形态性状差异

| 树型 | 内气孔长（μm） | 内气孔宽（μm） | 外气孔长（μm） | 外气孔宽（μm） | 气孔开度 | 气孔器大小（μm²） | 气孔密度（个/mm²） |
|---|---|---|---|---|---|---|---|
| 灌木 | 13.88±1.28 | 4.02±0.62 | 24.22±2.83 | 15.08±0.78 | 0.29±0.05 | 365.50±48.26 | 265.81±54.01a |
| 小乔木 | 13.24±1.81 | 3.94±0.81 | 23.96±3.04 | 15.49±1.75 | 0.3±0.04 | 374.07±79.37 | 222.08±27.67b |

注：同列不同字母表示在 $P<0.05$ 水平的差异显著。

表1-7 不同树型茶树茸毛微形态性状差异

| 树型 | 茸毛长度（μm） | 茸毛直径（μm） | 茸毛密度（个/mm²） |
|---|---|---|---|
| 灌木 | 553.07±108.46b | 11.03±1.10 | 4.51±1.68 |
| 小乔木 | 655.22±132.19a | 10.92±1.87 | 4.33±2.25 |

注：同列数字后不同字母表示在 $P<0.05$ 水平的差异显著。

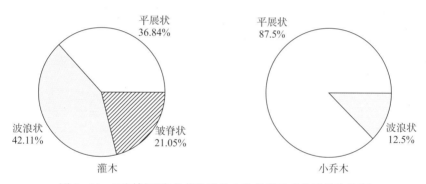

图1-11 不同树型乌龙茶种质的3种类型叶表蜡质纹饰比例

## （三）讨论

叶片的微形态变化会对植物的生理反应和生长发育产生较大影响，其微形态的变化在某种程度上反映了植物对环境的适应性及环境对植物形态发育的调控。本研究发现，乌龙茶种质的气孔器均为长卵形，保卫细胞外均有两层副卫细胞，内层环状闭合，两极下陷，外层为环状不闭合；气孔器大小、气孔开度和气孔密度等相关性状指标在供试茶树品种间差异较明显。

植物因物种或环境不同，其叶表皮角质表面会形成不同类型的蜡质纹饰。本研究结果表明，以茶树叶片茸毛和蜡质纹饰相关性状指标为基础数据进行聚类分析，供试乌龙茶种质可分为3个分支，第一分支乌龙茶种质的茸毛较长，叶表蜡质纹饰多为波浪状，第二分支乌龙茶种质的茸毛密度较小，叶表蜡质纹饰均为平展状，第三分支乌龙茶种质的叶表腊质纹饰多为波浪状，茸毛纹饰多为短棒型；不同来源乌龙茶种质的叶表蜡质纹饰具有一定相似性，如闽北乌龙茶种质的叶表蜡质纹饰多为波浪状，闽南乌龙茶种质的叶表蜡质纹饰多为平展状，说明茶树叶表蜡质纹饰在受外界环境长期影响下，会形成某种特定的纹饰特征，因此茶树叶表蜡质纹饰在一定程度上可作为茶树种质的分类依据。茶树叶片茸毛性状因品种的不同，茸毛长度和密度存在较大差异。通过不同树型对比发现，茶树气孔密度和茸毛长度在很大程度上受到树型的影响。本研究发现，乌龙茶种质叶表纹饰不仅与生长环境有一定关系，还受树型的影响。因此，在利用茶树叶片微形态进行茶树品种分类时，应考虑树型对叶片茸毛和叶表纹饰特征的影响。

茶树芽叶是茶叶加工的原料，因此茶树叶片微形态与茶叶的品质存在一定联系。如茶树芽叶茸毛与茶叶品质有着密切的关系，茶树的腺鳞组织与茶叶香味的分泌有关。在今后的研究中，应结合茶树叶片微形态和茶叶品质进行更深入全面的探讨。

## （四）结论

乌龙茶种质的茸毛各性状指标在种间存在一定差异，且茸毛纹饰具有一定的多样性，可作为乌龙茶种质资源分类鉴定的手段之一，但其气孔形态特征不具有种间分类意义。叶表蜡质纹饰具有一定的地域相关性，可用于区分乌龙茶种质产地。叶片茸毛长度和叶表蜡质纹饰在一定程度上受树型影响，在利用叶片微形态进行茶树种质资源分类鉴定时，应注意树型因素。

供试茶树茸毛纹饰分为长条纹型、短棒型和光滑型 3 种类型；叶表蜡质纹饰分为皱脊状、波浪状和平展状 3 种类型；气孔器较相似，均呈长卵形。通过聚类分析可将 27 份茶树种质分为 3 个分支。相同原产地种质的叶片茸毛微形态和叶表蜡质纹饰较相似。通过不同树型对比发现，灌木型乌龙茶种质的茸毛显著短于小乔木型（$P < 0.05$），叶片气孔密度显著大于小乔木型，多数小乔木型乌龙茶种质的叶表蜡质纹饰呈平展状。

## 【附】 茶树嫩茎气孔微形态特征

课题组谢微微（2018）观察了福鼎大白茶、肉桂、铁观音等3个茶树品种春梢节间茎段的气孔微形态特征，结果如附表1-1和附图1-1所示，不同叶位节间茎段的气孔开度和气孔器大小存在显著差异。

附表1-1 茶树品种不同叶位节间茎段的气孔性状

| 节间茎段 | 品种 | 气孔数 | 内气孔长（μm） | 内气孔宽（μm） | 气孔开度 | 外气孔长（μm） | 外气孔宽（μm） | 气孔器大小（μm²） |
|---|---|---|---|---|---|---|---|---|
| 第一节间茎段 | 福鼎大白茶 | 2 | 18.56 | 6.14 | 0.33 | 31.08 | 13.5 | 419.58 |
| | 肉桂 | 2 | 16.24 | 4.88 | 0.30 | 29.36 | 21.26 | 624.16 |
| | 铁观音 | 2 | 14.88 | 5.55 | 0.37 | 30.47 | 16.32 | 497.35 |
| 第二节间茎段 | 福鼎大白茶 | 0 | — | — | — | — | — | — |
| | 肉桂 | 1 | 13.90 | 3.12 | 0.22 | 24.68 | 10.90 | 268.90 |
| | 铁观音 | 2 | 26.09 | 7.91 | 0.30 | 38.89 | 19.08 | 742.10 |
| 第三节间茎段 | 福鼎大白茶 | 0 | — | — | — | — | — | — |
| | 肉桂 | 0 | — | — | — | — | — | — |
| | 铁观音 | 1 | 5.35 | 1.92 | 0.36 | 14.04 | 7.34 | 103.05 |

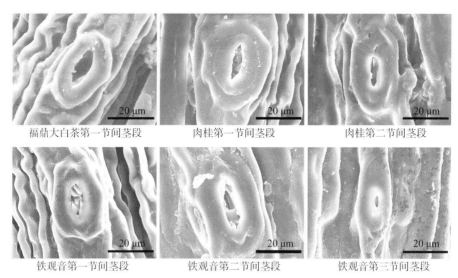

| 福鼎大白茶第一节间茎段 | 肉桂第一节间茎段 | 肉桂第二节间茎段 |
| 铁观音第一节间茎段 | 铁观音第二节间茎段 | 铁观音第三节间茎段 |

附图 1-1  茶树品种不同叶位节间茎段气孔微形态扫描电镜图

## ◆ 本章研究成果引自下述文献

谢微微，2018. 35 份茶树种质资源叶表皮微形态与花粉形态特征研究［D］. 福州：福建农林大学．（导师：叶乃兴，于文涛）

杨国一，2018. 乌龙茶种质叶片与花粉微形态特征研究［D］. 福州：福建农林大学．（导师：叶乃兴，于文涛）

杨国一，于文涛*，蔡春平，陈笛，谢微微，王鹏杰，叶乃兴*，2018. 茶树叶片扫描电镜样品制备方法的比较研究［J］. 江苏农业科学，46（3）：95-98.

杨国一，于文涛*，郑晶，陈静，谢微微，叶乃兴*，2018. 乌龙茶种质叶片微形态特征的扫描电镜观察［J］. 南方农业学报，49（10）：2020-2027.

注：* 为通讯作者。

# 第二章

# 茶树品种资源花器官微形态研究

茶树花器官形态特征是研究茶树种质资源演化的主要依据，也是鉴别茶树品种的重要依据之一。关于茶树的外部形态特征已有很多研究，但对茶树花器官微形态特征的研究尚少。迄今为止，茶树花器官各部位中，对花粉微形态研究有较多的参考文献，还未见对茶树花柄、花托、花萼、子房、柱头和花丝的微形态观察的研究报道。

## 第一节　茶树品种资源花器官微形态特征研究

本研究以 11 份茶树种质资源为研究对象，首次利用扫描电镜技术，对茶树的花柄、花托、花萼、花瓣、子房、柱头及花丝等结构进行了系统的微形态观察与分析，探究茶树品种资源的微形态特征，以期为茶树种质资源的鉴定评价研究提供参考。

### (一) 材料与方法

1. **供试材料**　于 2018—2019 年 11—12 月采摘茶树盛花期花朵，取样地点为福建农林大学教学茶园。供试材料为福鼎大白茶、福鼎大毫茶等 11 份茶树种质，每份种质资源分别从 3 棵茶树上取样，其中寿宁野生茶树的花器官材料取自同一单株。

2. **仪器设备**　见第一章第一节 (一) 材料与方法中的 "2. 仪器设备"。

3. **样品处理**　解剖茶树花器官的各部位，在体视显微镜下观察拍照。

扫描电镜前处理方法如下：将解剖的新鲜茶树花器官各部位进行固定，具体步骤见第一章第二节 (一) 材料与方法中的 "3. 样品前处理"。

4. **观察与分析**　将处理后的茶树样品表层用离子溅射镀膜仪镀膜 80 s 后用扫描电镜观察茶树花器官各部位的表皮细胞、纹饰、气孔器及表皮毛特征，同时分别在 400～8 000 放大倍率下观察拍照。

5. **统计与分析**　统计与分析方法见第一章第二节 (一) 材料与方法中的 "5. 统计与分析"。

### (二) 结果与分析

1. **茶树花器官微形态特征**　本实验所取茶树花器官各部位分别为花柄、花托、花萼、花瓣、子房、花柱、花丝，如图 2-1 所示。

2. **茶树花柄、花托微形态性状**　通过扫描电镜观察 (表 2-1)，11 份茶树种质资源的花柄和花托表皮纹饰颇为相似 (图 2-2A1，图 2-2A2)，细胞形状均为矩形，表皮纹饰为规则的细长条纹形，表面具丝状体附着。在福云 6 号、福鼎大毫茶、肉桂的花柄表皮上有少

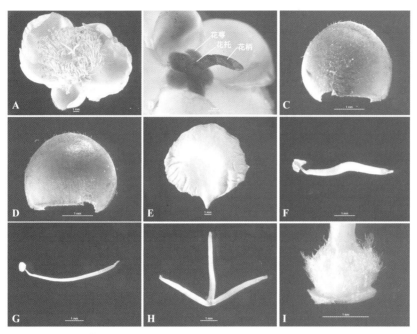

图 2-1 福鼎大白茶花器官体视镜观察

A. 茶树花 B. 花萼、花柄、花托 C. 萼片背面 D. 萼片腹面 E. 花瓣

F. 内轮花丝 G. 外轮花丝 H. 花柱 I. 子房

量气孔存在，气孔器大小为 142.99～431.66 $\mu m^2$，气孔开度为 0.19～0.92；其他种质花柄未见气孔；在福云 6 号、肉桂、毛蟹和本山花柄表皮上具少量茸毛（图 2-2A3），且茸毛纹饰均为平滑型。花托表皮均具气孔（图 2-2A4），气孔器大小为 201.48～642.17 $\mu m^2$，气孔开度为 0.26～0.62。

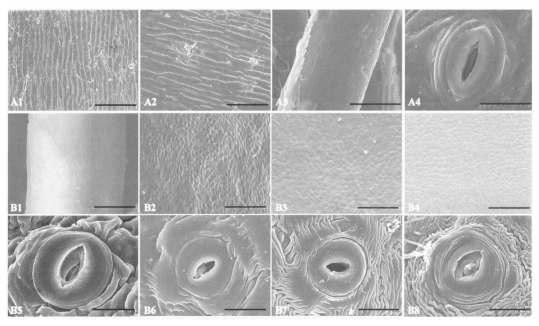

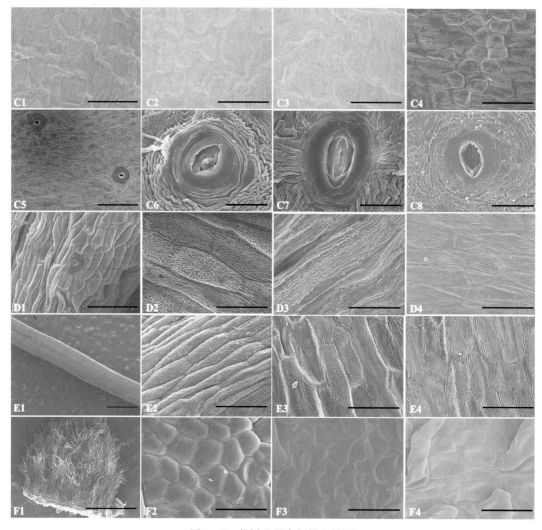

图 2-2 茶树花器官扫描电镜图

注：A1、A2 分别为花柄、花托纹饰，标尺 100 μm；A3 为花柄茸毛，标尺 10 μm；A4 为花托气孔，标尺 20 μm；B1 为萼片茸毛，标尺 5 μm；B2～B4 为萼片内表皮纹饰，标尺 200 μm；B5～B8 为萼片气孔，标尺 100 μm；C1～C4 为花瓣纹饰，标尺 100 μm；C5 为花瓣气孔，标尺 100 μm；C6～C8 为花瓣气孔，标尺 20 μm；D1 为花丝气孔，标尺 100 μm；D2～D4 为花丝纹饰，标尺 50 μm；E1 为花柱，标尺 1 mm；E2～E4 为花柱纹饰，标尺 50 μm；F1 为子房茸毛，标尺 1 mm；F2～F4 为子房表皮纹饰，标尺 20 μm。

**3. 茶树花萼、花瓣微形态性状**  通过扫描电镜观察（表 2-1、表 2-2、表 2-3），各茶树种质资源的萼片内表皮细胞为近长方形或多边形，排列紧凑，表面较光滑，且在其中部或边缘具平滑型茸毛（图 2-2B1）；萼片外表皮细胞为不规则状，表面光滑具条纹纹饰，并在中间部位分布着无规则气孔器，气孔类型皆为凸起型。福鼎大白茶、福云 6 号和福鼎大毫茶的花萼内表皮细胞凹凸不平（图 2-2B2），福安大白茶、肉桂花萼内表皮细胞稍平展但细胞凹陷较多（图 2-2B3）；铁观音、毛蟹、本山和寿宁野生茶的花萼内表皮细胞平展，均较饱满（图 2-2B4）。每份茶树种质的萼片外表皮的气孔器特征有所不同，福鼎大白茶的花萼气孔器明显突出于表皮（图2-2B5），其他种质均略突出表皮，基本与表皮处于同一平面（图2-2B6）；气孔的外拱盖均较平滑；福鼎大白茶、福云6号、福鼎大毫茶及寿宁野生茶的花萼气孔器外缘角质层呈脊状增宽；除本山的花萼气孔器外缘角质层呈辐射状纹饰环绕（图2-2B7）外，其他种质的花萼气孔器外缘角质层均呈条状纹饰环绕（图2-2B8）。茶树萼片气孔器大小为219.74～563.32 $\mu m^2$，气孔开度为0.37～0.52。

**表2-1 茶树种质资源花器官气孔微形态性状**

| 部位 | 种质 | 内气孔长（$\mu m$） | 内气孔宽（$\mu m$） | 外气孔长（$\mu m$） | 外气孔宽（$\mu m$） | 气孔器大小（$\mu m^2$） | 气孔开度 |
|---|---|---|---|---|---|---|---|
| 花托 | 福鼎大白茶 | 15.33±1.41 | 5.01±1.17 | 22.67±1.84 | 15.38±1.15 | 348.16±32.29 | 0.33±0.08 |
| | 福鼎大毫茶 | 10.28±1.14 | 6.44±2.36 | 18.89±0.46 | 16.92±0.75 | 320.43±19.51 | 0.62±0.16 |
| | 福安大白茶 | 15.14±1.51 | 5.78±0.21 | 24.20±1.23 | 19.90±0.47 | 485.54±20.29 | 0.38±0.03 |
| | 福云6号 | 10.16±0.60 | 3.75±0.38 | 18.99±3.22 | 14.32±2.53 | 268.26±42.81 | 0.37±0.04 |
| | 福建水仙 | 14.32±5.25 | 8.11±1.49 | 21.17±6.08 | 16.86±2.89 | 362.13±137.89 | 0.60±0.12 |
| | 肉桂 | 16.14±1.65 | 4.89±0.97 | 25.20±3.36 | 23.03±7.22 | 574.50±237.21 | 0.31±0.04 |
| | 铁观音 | 12.41±2.02 | 3.89±0.98 | 21.47±3.17 | 13.30±1.07 | 286.87±61.13 | 0.32±0.05 |
| | 黄棪 | 6.61±0.37 | 3.36±0.39 | 18.03±1.58 | 12.75±0.37 | 229.62±16.29 | 0.51±0.04 |
| | 毛蟹 | 18.05±7.33 | 4.59±1.28 | 27.55±12.85 | 20.19±10.18 | 642.17±207.25 | 0.26±0.04 |
| | 本山 | 9.90±1.10 | 3.17±1.95 | 15.66±1.15 | 12.63±2.98 | 201.48±56.43 | 0.31±0.17 |
| | 寿宁野生茶 | 18.23±0.82 | 5.89±1.88 | 29.08±1.91 | 17.92±2.36 | 523.52±95.58 | 0.32±0.11 |
| 萼片 | 福鼎大白茶 | 11.36±2.01 | 4.24±1.63 | 19.27±3.22 | 15.12±2.48 | 299.92±98.54 | 0.37±0.10 |
| | 福鼎大毫茶 | 15.82±0.43 | 6.73±0.88 | 23.17±0.94 | 15.90±1.14 | 370.72±39.84 | 0.43±0.05 |
| | 福安大白茶 | 18.23±2.07 | 8.09±1.49 | 25.45±1.19 | 18.54±0.82 | 477.13±39.75 | 0.44±0.04 |
| | 福云6号 | 7.91±2.15 | 3.23±0.98 | 16.77±1.56 | 12.84±1.21 | 219.74±38.61 | 0.41±0.08 |
| | 福建水仙 | 18.17±6.39 | 8.90±3.52 | 25.16±6.11 | 18.87±3.65 | 492.73±195.63 | 0.48±0.03 |
| | 肉桂 | 13.80±2.84 | 5.22±1.21 | 22.55±1.58 | 17.66±0.77 | 399.93±33.36 | 0.37±0.01 |
| | 铁观音 | 12.72±1.40 | 5.93±1.18 | 20.51±1.28 | 17.38±1.96 | 359.94±60.87 | 0.46±0.04 |
| | 黄棪 | 12.96±0.72 | 6.66±1.88 | 20.17±2.32 | 14.37±2.34 | 299.79±67.68 | 0.52±0.16 |
| | 毛蟹 | 19.64±3.55 | 9.26±1.93 | 27.02±3.92 | 20.58±1.13 | 563.32±105.87 | 0.47±0.02 |
| | 本山 | 12.88±0.90 | 5.46±0.16 | 20.39±1.16 | 16.16±0.35 | 333.66±21.36 | 0.43±0.04 |
| | 寿宁野生茶 | 14.23±0.61 | 5.75±0.63 | 22.41±1.06 | 17.69±1.48 | 397.64±51.23 | 0.41±0.03 |
| 花瓣 | 福鼎大白茶 | 17.92±0.86 | 11.80±1.04 | 29.29±3.46 | 25.53±6.00 | 769.26±264.40 | 0.65±0.04 |
| | 福鼎大毫茶 | 24.57±1.77 | 14.79±2.84 | 34.23±1.89 | 30.30±0.54 | 1 040.62±71.41 | 0.60±0.09 |
| | 福安大白茶 | 24.65±4.86 | 15.95±2.34 | 34.28±3.62 | 28.16±1.89 | 984.08±176.20 | 0.65±0.05 |
| | 福云6号 | — | — | — | — | — | — |
| | 福建水仙 | 42.54±10.57 | 15.65±1.47 | 55.23±12.19 | 24.17±7.60 | 1 322.07±299.08 | 0.38±0.11 |
| | 肉桂 | 18.18±0.71 | 11.95±1.79 | 27.47±4.59 | 22.43±5.89 | 648.54±275.54 | 0.66±0.09 |
| | 铁观音 | 16.76±1.78 | 9.84±0.98 | 24.70±4.00 | 20.23±3.96 | 523.67±207.15 | 0.60±0.07 |
| | 黄棪 | 18.92±0.08 | 7.30±0.81 | 24.57±1.07 | 16.40±0.45 | 401.80±21.38 | 0.38±0.04 |

（续）

| 部位 | 种质 | 内气孔长（μm） | 内气孔宽（μm） | 外气孔长（μm） | 外气孔宽（μm） | 气孔器大小（μm²） | 气孔开度 |
|---|---|---|---|---|---|---|---|
| 花瓣 | 毛蟹 | 19.17±4.15 | 12.42±5.06 | 29.92±5.06 | 22.84±7.09 | 704.17±329.37 | 0.63±0.12 |
| | 本山 | 18.98±3.83 | 10.21±2.00 | 25.67±4.13 | 21.02±4.11 | 550.79±187.79 | 0.54±0.03 |
| | 寿宁野生茶 | 15.94±0.09 | 10.37±1.66 | 23.81±0.69 | 21.70±1.74 | 517.46±55.54 | 0.65±0.11 |
| 花丝 | 福鼎大白茶 | 15.65±1.10 | 8.87±3.04 | 24.56±2.83 | 17.67±7.78 | 498.25±324.10 | 0.58±0.20 |
| | 福鼎大毫茶 | 10.28±1.14 | 6.44±2.36 | 18.89±0.46 | 16.92±0.75 | 320.43±19.51 | 0.62±0.16 |
| | 福安大白茶 | 15.14±1.51 | 5.78±0.21 | 24.20±1.23 | 19.90±0.47 | 485.54±20.29 | 0.38±0.03 |
| | 福云6号 | 17.24±1.13 | 12.65±2.42 | 27.18±1.89 | 25.92±1.74 | 706.74±96.87 | 0.73±0.10 |
| | 福建水仙 | 14.32±5.25 | 7.12±3.11 | 21.80±5.49 | 16.45±3.59 | 362.93±136.74 | 0.54±0.05 |
| | 肉桂 | 13.13±2.25 | 7.42±2.69 | 24.51±3.17 | 18.94±5.39 | 467.02±136.11 | 0.57±0.20 |
| | 铁观音 | 12.15±3.52 | 6.70±3.60 | 18.13±1.03 | 14.20±2.04 | 257.90±44.36 | 0.47±0.26 |
| | 黄棪 | 6.61±0.37 | 4.15±1.63 | 20.21±4.70 | 15.11±3.75 | 317.31±155.34 | 0.44±0.08 |
| | 毛蟹 | 14.90±2.77 | 11.06±3.42 | 23.61±3.20 | 21.51±4.39 | 522.23±186.10 | 0.71±0.07 |
| | 本山 | 16.50±4.15 | 11.50±2.16 | 23.49±5.72 | 21.05±4.00 | 483.77±83.26 | 0.73±0.23 |
| | 寿宁野生茶 | 18.23±0.82 | 5.89±1.88 | 29.08±1.91 | 17.92±2.36 | 523.52±95.58 | 0.32±0.11 |

注：—表示未观察到气孔。

### 表2-2 茶树种质资源花萼微形态性状

| 种质 | 上表皮 | 茸毛纹饰 | 下表皮 | 气孔器 |
|---|---|---|---|---|
| 福鼎大白茶 | 表皮细胞形状为多边形，细胞凹凸不平 | 平滑 | 表皮细胞形状不规则，表面光滑且具较多条状纹饰 | 明显突出于表皮，外拱盖较平滑，外缘角质层呈脊状增宽，且具条状纹饰环绕 |
| 福鼎大毫茶 | 表皮细胞形状为多边形，细胞凹凸不平 | 平滑 | 表皮细胞形状不规则，表面光滑且具少量条纹纹饰 | 稍突出于表皮，外拱盖较平滑，外缘角质层呈脊状增宽，且有条状纹饰环绕 |
| 福安大白茶 | 表皮细胞形状为多边形，细胞凹陷 | 平滑 | 表皮细胞形状不规则，表面光滑且具条纹纹饰 | 稍突出于表皮，外拱盖较平滑，外缘角质层呈条状纹饰环绕 |
| 福云6号 | 表皮细胞形状为多边形，细胞凹凸不平 | 平滑 | 表皮细胞形状不规则，表面光滑且具少量条状纹饰 | 稍突出于表皮，外拱盖较平滑，外缘角质层呈脊状增宽，且具条状纹饰环绕 |
| 福建水仙 | 表皮细胞形状为多边形，细胞平展较饱满 | 平滑 | 表皮细胞形状不规则，表面光滑且具条纹纹饰 | 稍突出于表皮，外拱盖平滑，外缘角质层呈条状纹饰环绕 |
| 肉桂 | 表皮细胞形状为多边形，细胞凹陷较多 | 平滑 | 表皮细胞形状不规则，表面光滑且具条纹纹饰 | 稍突出于表皮，外拱盖较平滑，外缘角质层呈条纹状纹饰环绕 |
| 铁观音 | 表皮细胞形状为多边形，细胞平展较饱满 | 平滑 | 表皮细胞形状不规则，表面光滑且具少量条状纹饰 | 稍突出于表皮，外拱盖较平滑，外缘角质层呈条状纹饰环绕 |

（续）

| 种质 | 上表皮 | 茸毛纹饰 | 下表皮 | 气孔器 |
|---|---|---|---|---|
| 黄棪 | 表皮细胞形状为多边形，细胞平展较饱满 | 平滑 | 表皮细胞形状不规则，表面光滑且具条状纹饰 | 稍突出于表皮，外拱盖平滑，外缘角质层呈条状纹饰环绕 |
| 毛蟹 | 表皮细胞形状为多边形，细胞平展较饱满 | 平滑 | 表皮细胞形状不规则，表面光滑且具较多条状纹饰 | 稍突出于表皮，外拱盖较平滑，外缘角质层呈多层条状和波状纹饰环绕 |
| 本山 | 表皮细胞形状为多边形，细胞平展较饱满 | 平滑 | 表皮细胞形状不规则，表面光滑且具较多条状纹饰 | 稍突出于表皮，外拱盖较平滑，外缘角质层呈辐射状纹饰环绕 |
| 寿宁野生茶 | 表皮细胞形状为多边形，细胞平展且饱满 | 平滑 | 表皮细胞形状不规则，表面光滑且具较多条状纹饰 | 稍突出于表皮，外拱盖较平滑，外缘角质层呈脊状增宽，且具条状纹饰环绕 |

表 2-3　茶树种质资源花瓣微形态性状

| 种质 | 表皮细胞类型 | 气孔器有无及其微形态特征 |
|---|---|---|
| 福鼎大白茶 | 细胞形状为不规则多边形、矩形，表面平展，为波状、条状纹饰 | 有，气孔器稍内陷于表皮，气孔外拱盖平滑被浅波纹，外缘具明显的条纹环绕 |
| 福鼎大毫茶 | 细胞形状为五边形、矩形，表面平展，为波状、条状纹饰 | 有，气孔器与表皮持平，气孔外拱盖平滑被浅波纹，外缘具明显的条纹环绕 |
| 福安大白茶 | 细胞形状为六边形，表皮平展，为辐射状纹饰，少量条状纹饰 | 有，气孔器与表皮持平，气孔外拱盖平滑被浅波纹，外缘具明显的辐射状纹饰环绕 |
| 福云 6 号 | 细胞形状为具脊状凸起的不规则多边形，为深波状、条状纹饰 | 无，无 |
| 福建水仙 | 细胞形状为五边形，表面平展，为辐射状、波状纹饰 | 有，气孔器与表皮持平，气孔外拱盖平滑被浅波纹，外缘具多条纹环绕 |
| 肉桂 | 细胞形状为五边形、不规则状，表面平展或稍凸，为辐射状、波状纹饰 | 有，气孔器与表皮持平，气孔外拱盖平滑被浅波纹，外缘具不明显条状纹饰 |
| 铁观音 | 细胞形状为近圆形，表面平展，为浅波状、深波状、条状纹饰 | 有，气孔器与表皮持平，气孔外拱盖平滑，外缘与表皮之间有稍凸的条状纹饰，外缘具辐射状环绕 |
| 黄棪 | 细胞形状为五边形，表面具脊状凸起，为波状、条状纹饰 | 有，气孔器与表皮持平，气孔外拱盖平滑被浅波纹，外缘具不明显条纹环绕 |
| 毛蟹 | 细胞形状为五边形，表面平展，具少量脊状凸起，为浅波状、条状纹饰 | 有，气孔器与表皮持平，具明显的复合气孔，气孔外拱盖平滑，外缘具条纹环绕 |
| 本山 | 细胞形状为六边形、近距形，表皮平展，细胞间凹陷明显或不明显，为辐射状、条状纹饰 | 有，气孔器与表皮持平，气孔外拱盖平滑，外缘脊状加宽具条纹环绕 |
| 寿宁野生茶 | 细胞形状为不规则多边形，表面平展，为波状、脊状纹饰 | 有，气孔器与表皮持平，气孔外拱盖平滑被浅波纹，外缘具多条纹环绕 |

茶树的花瓣表皮细胞形状呈不规则形、五边形、六边形、近圆形4种类型（图2-2C1，图2-2C2，图2-2C3，图2-2C4），其中分布着波状、条纹状、辐射状等纹饰。福鼎大白茶、福鼎大毫茶、肉桂、铁观音和本山的花瓣表皮微形态相对较多样；其余种质的花瓣表皮微形态则相对较简单。除福云6号外，其余种质的花瓣表皮均有气孔且气孔呈近圆形；福鼎大白茶气孔器稍内陷于表皮（图2-2C5），其余种质资源的气孔器与表皮持平。铁观音的气孔外拱盖被明显条状纹饰（图2-2C6），而其余种质资源均较平滑。福安大白茶和铁观音气孔器外缘为辐射状纹饰（图2-2C7），其余种质为条状纹饰（图2-2C8）。花瓣气孔器大小为401.80～1 322.07 $\mu m^2$，气孔开度为0.38～0.66。

**4. 茶树雄蕊微形态性状** 通过扫描电镜观察（表2-1），茶树花丝表皮细胞排列紧密，纹饰为平行于花丝的波状、丝状、条状。气孔主要集中在花丝的中下部（图2-2D1），气孔类型为近圆形，与花瓣相似，未发现茸毛。福鼎大白茶、福云6号和福安大白茶的表皮纹饰主要为紧密的波状（图2-2D2）；肉桂、黄棪和铁观音纹饰主要为卷曲的丝状（图2-2D3）；福鼎大毫茶、福建水仙、毛蟹、本山和寿宁野生茶的表皮纹饰主要为稍曲的条状（图2-2D4）。福云6号的花丝气孔器较大（706.74 $\mu m^2$），铁观音的花丝气孔器最小（257.90 $\mu m^2$）。福云6号和本山的花丝气孔开度相对较大（0.73），寿宁野生茶和福安大白茶则相对较小（0.32～0.38）。

**5. 茶树雌蕊微形态性状** 通过扫描电镜观察，茶树花柱表皮具乳突状细胞，并有花粉粒附着，这表明授粉过程正在柱头上进行。柱头上均具分泌液，属于湿柱头。花柱整体呈长圆柱形（图2-2E1），顶端渐细，表皮细胞排列整齐。花柱细胞形状可分为3种类型，福鼎大白茶、福鼎大毫茶、肉桂、福建水仙和本山为梭形（图2-2E2），福云6号、福安大白茶、铁观音和寿宁野生茶为长条纹形（图2-2E3），黄棪和毛蟹则为多边形（图2-2E4）。茶树子房壁表皮细胞呈不规则多边形，满被茸毛（图2-2F1），茸毛纹饰为平滑型。福鼎大白茶、黄棪、铁观音、毛蟹的子房表皮有似圆形细胞凸起（图2-2F2），纹饰光滑，凸起程度从大到小顺序为福鼎大白茶＞铁观音＞毛蟹＞黄棪；福鼎大毫茶、肉桂、本山和寿宁野生茶的子房表皮细胞内陷（图2-2F3），福云6号和福安大白茶的表皮纹饰则较平展。（图2-2F4）

**6. 茶树花器官气孔相关数量性状的变异分析** 由表2-1可知，参试茶树种质花器官全部的气孔相关数量性状变异系数为0.4%～94.6%，平均为18.5%。茶树种质内气孔相关数量性状的变异系数为8.18%～27.61%，均值17.99%；茶树种质间气孔相关数量性状的变异系数为12.22%～23.92%，均值18.07%。可见，茶树花器官气孔相关数量性状在种质内和种质间的变异系数均较大。

**7. 基于茶树微形态性状的主坐标分析** 对包括气孔相关数量性状在内的40个茶树花器官微形态性状进行主坐标分析，结果显示（图2-3A），福云6号、福安大白茶、黄棪、铁观音、毛蟹和本山能明显与其他种质资源区分开，而福鼎大毫茶、肉桂、寿宁野生茶、福鼎大白茶和福建水仙之间存在交叉和重叠现象，尤其是福鼎大白茶和福建水仙在主坐标图中分布距离较远。对除气孔相关数量性状之外的16个茶树花器官微形态质量性状进行主坐标分析，结果显示（图2-3B），11份种质均能各自聚在一起且与其他种质明显区分开。前5个主成分的贡献率达到83.89%，表明这5个主成分可代表所选用性状的绝大部分信息。第1主成分的累计贡献率为28.49%，主要由萼片气孔外缘角质层纹饰、子房壁纹饰所决定；第 2 主成分的累计贡献率为 19.59%，主要由花瓣表皮纹饰形状、萼片上表皮凹凸性状决定；第 3 主成分的累计贡献率为 16.07%，主要由花瓣表皮是否平展、花丝纹饰决定；第 4 主成分的累计贡献率为 9.91%，主要由萼片下表皮纹饰、花瓣气孔外缘所具纹饰形状决定；第 5 主成分的累计贡献率为 9.82%，主要由萼片气孔外缘环绕类型、花瓣气孔外拱盖所被纹饰类型决定。对 40 个花器官微形态性状和 16 个微形态质量性状（未含 24 个气孔相关数量性状）的综合分析表明，当包括气孔器数量性状时，未能明显区分各种质，存在交叉、重叠现象；而只用质量性状时，可有效区分各种质。

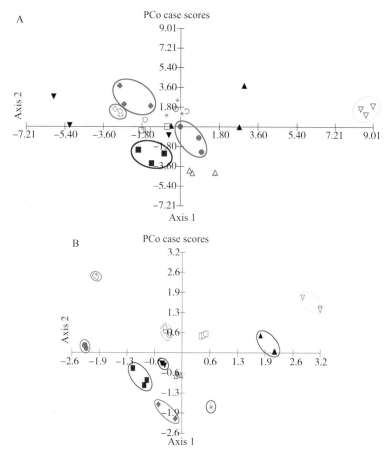

▲福鼎大白茶　▽福云6号　□福鼎大毫茶　◇福安大白茶　○肉桂
△黄棪　▼福建水仙　■铁观音　◆毛蟹　●本山　＊寿宁野生茶

图 2-3　茶树花器官微形态主坐标分析比较

注：A 为基于所有 40 个微形态性状的主坐标分析；B 为基于 16 个微形态质量性状的主坐标分析。

## （三）讨论与结论

植物的表皮纹饰特征具有重要的分类学价值。本研究的观察结果表明，茶树花器官的相同部位微形态性状表现稳定，不同部位微形态性状呈现差异性。如花柱纹饰类型有长条纹形、梭形或多边形 3 类，子房壁表皮纹饰光滑，细胞呈凸起、平展或凹陷 3 种纹饰。大叶茶树花的萼片上有茸毛或无茸毛，花丝表皮无茸毛（李远志，1990）。这与本研究中对萼片和花丝的观察结果较一致。表皮毛的纹饰特征是研究植物分类学的重要手段。本研究首次观察发现花柄、花托、萼片和子房的茸毛纹饰均为平滑型，说明茶树花器官的茸毛纹饰特征较统一。

气孔存在于植物的茎、叶和花等器官表面，控制着水分流失和气体交换。在茶树中，关于叶片气孔的研究较多。本研究首次报道了茶树花柄、花托、花瓣、萼片和花丝的表皮也具气孔。除此之外，在观察中还发现茶树萼片上气孔分布较多，花柄、花托和花丝气孔较少，花瓣气孔数量则居中。植物气孔性状是环境和基因共同影响的结果，气孔器类型具有一定的遗传稳定性，而气孔大小受环境影响很大。同时，光照、温度、湿度等均会对植物气孔开合造成一定影响。本研究首次观察发现，茶树花柄、花托、萼片气孔器类型均为长卵形，花瓣、花丝的气孔器类型均为近圆形。通过分析茶树花器官各部位气孔的变异系数发现，气孔微形态性状在种质内和种质间皆具较高的变异系数，与杨国一等（2018）对茶树叶片气孔数量性状的研究结果相似。

对于形态学特征分析，往往有很多有一定相关性的变量，因此进行多元分析就相对复杂。主坐标分析是一种非约束性的数据降维分析方法，可将多个变量转化为少数几个指标，从而更好地描述材料构成特征。本研究分别对花器官所有 40 个微形态性状和 16 个微形态质量性状（未含 24 个气孔相关数量性状）进行了主坐标分析，结果表明花器官气孔器数量性状不具有遗传稳定性，不能作为茶树花器官微形态分类鉴定的依据，而茶树花器官的萼片表皮纹饰、子房壁纹饰、花瓣表皮纹饰、花丝纹饰等微形态质量性状作为稳定的性状，在茶树品种的鉴定、分类等研究中，有较高的价值。

茶树花柄和花托的表皮纹饰较相似，为细长条纹形，且在部分种质的花柄和花托上发现茸毛和气孔；萼片的内表皮光滑，可分为表皮细胞凹凸不平、凹陷和饱满 3 种类型，在其表面具平滑型茸毛；萼片外表皮光滑具条纹纹饰，在其表面分布着无规则气孔器，且不同茶树种质气孔器特征不同；花瓣表皮细胞形状分为不规则形、五边形、六边形和近圆形 4 种类型，其表皮分布着波状、条纹状、辐射状等纹饰；花丝表皮细胞为不规则多边形，排列紧密，具波状、丝状、条状的表皮纹饰，气孔主要分布在花丝的中下部；花柱表皮细胞排列整齐，其细胞形状可分为梭形、长条纹形和多边形 3 种类型；子房壁表皮细胞凹凸程度不同，满被平滑型茸毛。

本研究排除了茶树种质内变异较大的气孔微形态数量性状，筛选出适用茶树分类鉴定的花器官微形态性状，丰富了茶树生物学性状微形态特征的研究内容，可作为茶树品种识别、资源鉴定的参考依据。

## 第二节　红绿茶品种资源花粉微形态特征研究

花粉含有植物携带遗传信息的雄性生殖细胞，环境因素对其形态特征影响较小，具很强的保守性和遗传稳定性，可反映科和属的共同特性及种的特异性，其外壁结构和形态各有特色，可为研究植物种类间的亲缘关系、系统发育和分类提供可靠依据。花粉外壁能抵抗多种化学物质腐蚀，具有特异性，对植物演化关系的研究具有重要参考价值。本研究采用冷场发射扫描电镜观察 13 份红绿茶品种资源的花粉形态特征，为茶树种质鉴定和资源利用提供参考依据。

## （一）材料与方法

**1. 供试材料** 供试的 13 份红绿茶品种样品采集于宁德职业技术学院茶树种质资源圃，2017 年 11—12 月采摘各品种花朵，经处理后分别取其花粉为电镜观察材料。

**2. 实验设备** 见第一章第一节（一）材料与方法中的"2. 仪器设备"。

**3. 样品前处理** 将茶树花粉实验材料置于牛皮纸袋内，用可编程电热烘箱于 35 ℃ 条件下对供试茶树花粉进行干燥处理。

**4. 观察与分析** 将处理后的花粉实验材料用导电胶带固定于扫描电镜样品台上，用离子溅射镀膜仪在样品表面镀膜 80 s。用冷场发射扫描电镜进行观察并拍照。花粉性状特征描述主要参考《孢粉学手册》《中国常见栽培植物花粉形态》和 *Glossary of Pollen and Spore Terminology* 中的名词术语及所定标准。

**5. 统计与分析** 用 image J 软件对每个茶树品种的花粉进行测量及形态描述，共得出 10 个指标，即 6 个定量指标（极轴长 $P$、赤道轴长 $E$、花粉粒大小 $P \times E$、$P/E$、萌发沟长 $L$、$L/P$）和 4 个定性指标（极面观、赤道面观、外壁纹饰、有无穿孔），每个品种测量 20 粒花粉。定量指标直接以所测得值进行赋值，定性多元性性状则按不同形态进行编号 1，2，…，$n$，二元性状以"0"和"1"表示，肯定状态为"1"，否定状态为"0"。由于该数据集包含定性特征，故主坐标分析比主成分分析更适合。使用 MVSP 进行主坐标分析，采用 WPGMA 法构建树状图。使用 SPSS20.0 进行三维散点图绘制。

## （二）结果与分析

**1. 茶树花粉的极性及大小** 由表 2 - 4 可知，13 份茶树种质的花粉极轴长为 32.83～47.81 $\mu m$，其中，宁州种的极轴最长（47.81 $\mu m$），且显著长于其他种质，湘波绿的极轴最短（32.83 $\mu m$），其他种质间也存在一定差异；赤道轴长为 24.78～40.34 $\mu m$，其中，紫阳种的赤道轴最长（40.34 $\mu m$），且显著长于其他种质，白云 1 号的赤道轴最短（24.78 $\mu m$），且显著短于其他种质，其他种质间也存在一定差异；花粉大小为 941.09～1 644.05 $\mu m^2$，其中，紫阳种的花粉粒最大 [$P = (40.48 \pm 3.11)$ $\mu m$，$E = (40.34 \pm 3.09)$ $\mu m$]，且显著大于其他种质，白云 1 号的花粉粒最小 [$P = (37.57 \pm 3.51)$ $\mu m$，$E = (24.78 \pm 4.22)$ $\mu m$]，显著小于除湘波绿外的其他种质，其他种质间也存在一定差异；极轴长与赤道轴长的比值（$P/E$）为 0.95～1.61，其中，宁州种的 $P/E$ 最大，为 1.61，且显著大于除白云 1 号外的其他种质，祁门种的 $P/E$ 最小，为 0.95，其他种质间也存在一定差异；萌发沟长为 17.38～35.26 $\mu m$，其中，宁州种的萌发沟最长，为 35.26 $\mu m$，且显著长于除湄潭苔茶、龙井种和古蔺牛皮茶外的其他种质，凤庆大叶茶的萌发沟长最短，为 17.38 $\mu m$，其他种质间也存在一定差异；萌发沟长与极轴长的比值（$L/P$）为 0.63～1.00，其中，凤庆大叶茶的 $L/P$ 最大，为 1.00，且显著大于其他种质，龙井 43 的 $L/P$ 最小，为 0.63，其他种质间也存在一定差异。按照王开发（1983）、王宪曾（1983）提出的最长轴分类标准，13 份茶树种质花粉的长度均值介于 25.00～50.00 $\mu m$，属于中等花粉。说明 13 份茶树种质花粉粒的极轴长、赤道轴长和花粉粒大小均存在差异，呈种内多样性和异质性，花粉具有丰富的遗传多样性。

表 2 - 4  13 个红绿茶品种花粉形态性状比较

| 序号 | 品种 | 极轴长<br>(P)<br>(μm) | 赤道轴长<br>(E)<br>(μm) | 极轴长×赤道轴长 (P×E)<br>(μm²) | 极轴长/赤道轴长 (P/E) | 萌发沟长<br>(L)<br>(μm) | 萌发沟长/极轴长 (L/P) |
|---|---|---|---|---|---|---|---|
| 1 | 福鼎大白茶 | 37.36±2.28 efg | 35.56±3.22 bc | 1 324.36±156.27 bcd | 1.05±0.10 efg | 25.58±6.37 cdef | 0.69±0.12 cd |
| 2 | 福安大白茶 | 37.86±3.62 def | 30.48±2.95 fg | 1 155.01±130.06 efg | 1.26±0.18 bcd | 28.62±5.69 bcd | 0.75±0.13 bcd |
| 3 | 白云1号 | 37.57±3.51 defg | 24.78±4.22 h | 941.09±229.31 h | 1.55±0.22 a | 28.17±6.62 bcde | 0.75±0.10 bcd |
| 4 | 凤庆大叶茶 | 37.30±5.41 efg | 32.51±2.39 defg | 1 200.76±134.67 def | 1.16±0.24 cdef | 17.38±2.64 g | 1.00±0.16 a |
| 5 | 湄潭苔茶 | 39.97±4.20 cde | 30.82±2.27 fg | 1 217.04±102.79 def | 1.30±0.21 bc | 33.07±5.84 ab | 0.83±0.05 b |
| 6 | 祁门种 | 35.02±1.84 fghi | 37.03±1.15 b | 1 301.16±67.57 bcde | 0.95±0.07 g | 26.45±4.64 cdef | 0.75±0.12 bcd |
| 7 | 白叶1号 | 35.47±1.45 fghi | 34.00±2.18 cde | 1 201.71±55.45 def | 1.05±0.10 efg | 25.94±5.30 cdef | 0.71±0.14 bcd |
| 8 | 龙井种 | 41.59±3.89 bc | 30.78±3.05 fg | 1 288.94±217.74 bcde | 1.36±0.12 b | 30.62±9.49 abc | 0.73±0.19 bcd |
| 9 | 龙井43 | 36.64±2.81 fgh | 34.56±1.83 bcd | 1 278.10±153.35 cde | 1.07±0.05 efg | 24.59±8.15 cdef | 0.63±0.15 d |
| 10 | 紫阳种 | 40.48±3.11 cd | 40.34±3.09 a | 1 644.05±204.90 a | 1.01±0.10 fg | 26.90±5.93 bcdef | 0.68±0.15 cd |
| 11 | 湘波绿 | 32.83±3.30 i | 31.61±4.44 defg | 1 022.64±168.90 gh | 1.05±0.25 efg | 23.47±3.02 defg | 0.75±0.11 bcd |
| 12 | 古蔺牛皮茶 | 35.70±3.27 fghi | 32.64±3.26 cdefg | 1 157.82±101.02 efg | 1.11±0.20 defg | 30.17±5.03 abc | 0.81±0.07 bc |
| 13 | 宁州种 | 47.81±2.75 a | 29.83±1.53 g | 1 425.33±93.93 b | 1.61±0.14 a | 35.26±11.71 a | 0.73±0.24 bcd |

注：同列数据后不同小写字母表示差异显著（$P<0.05$）。

   **2. 茶树花粉的形状**  从图 2-4 可看出，13 个红绿茶品种花粉粒的极面观均为三裂近三角形；赤道面观为近圆形和长椭圆形。其中，祁门种、白叶 1 号、紫阳种、龙井 43、湘波绿、古蔺牛皮茶和福鼎大白茶的赤道面为近圆形；龙井种、湄潭苔茶、凤庆大叶茶、白云 1 号、宁州种和福安大白茶的赤道面为长椭圆形。按照埃尔特曼（1978）以 $P/E$ 确定茶树花粉形状为近球体或长球体两种类型的分类方法，祁门种、白叶 1 号、紫阳种、龙井 43、湘波绿、古蔺牛皮茶和福鼎大白茶的花粉形状为近球体；龙井种、湄潭苔茶、凤庆大叶茶、白云 1 号、宁州种和福安大白茶的花粉形状为长球体。说明 13 个红绿茶品种花粉形状存在明显的种内多样性。

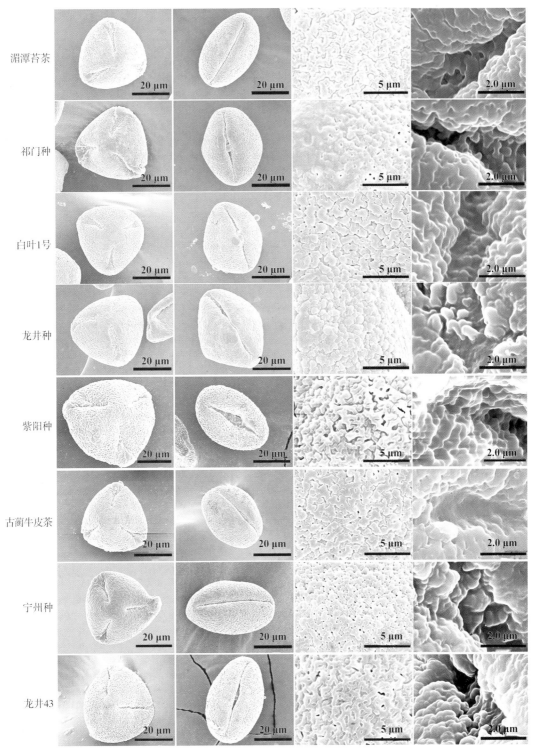

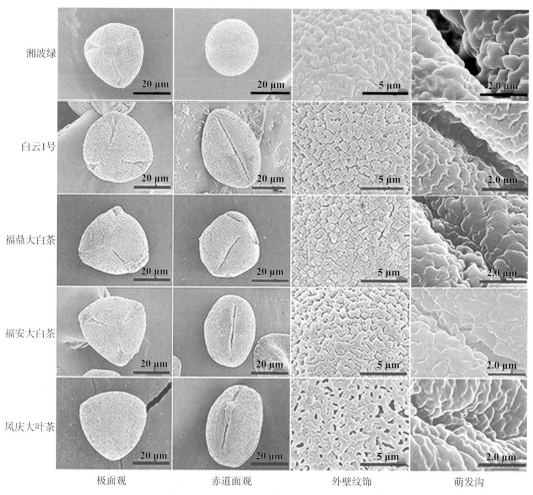

图 2-4 茶树花粉形态扫描电镜图

**3. 茶树花粉的萌发器官** 从图 2-4 可看出，茶树种质花粉粒的萌发孔有三孔沟和拟三孔沟两种类型，其中，湄潭苔茶、祁门种、白叶 1 号、紫阳种、龙井 43、湘波绿、古蔺牛皮茶、宁州种、福鼎大白茶和福安大白茶 10 个茶树种质花粉粒的萌发孔为三孔沟类型，其余 3 个茶树种质花粉粒的萌发孔为拟三孔沟类型；13 个茶树种质花粉粒的萌发孔在赤道上均呈等间距环状分布，赤道中段较宽，两端逐渐趋尖；内孔形状不规则，在赤道部位有突起。依据埃尔特曼（1978）的 NPC 分类系统进行划分，萌发孔属 $N_3P_4C_5$ 型（N为萌发孔的数目、P 为萌发孔的位置、C 为萌发孔的特征）。说明 13 个茶树种质花粉的萌发器官呈种内多样性的特点。

**4. 茶树花粉的外壁纹饰** 从图 2-5 可看出，茶树花粉的外壁纹饰主要有疣状和拟网状两种特征。疣状纹饰形似疣，是一种表面不规则的块状突起物，可依据杨尚尚（2013）的描述分为光滑疣状、粗糙疣状和拟网状纹饰 3 种类型。茶树花粉外壁纹饰为光滑疣状的茶树种质包括：福安大白茶、白云 1 号和湄潭苔茶；粗糙疣状的茶树种质包括福鼎大白茶、湘波绿和龙井种。拟网状纹饰似网状，褶皱较稀疏、略扁平，均有穿孔，拟网状纹饰的茶树种质包括祁门种、白叶 1 号、紫阳种、龙井 43、古蔺牛皮茶、凤庆大叶茶和宁州种。说明茶树花粉的外壁纹饰细微结构各有特点，呈现种内多样性与异质性，可作为茶树品种分类的依据。根据茶树花粉外壁有无穿孔，将祁门种、白叶 1 号、紫阳种、龙井 43、古蔺牛皮茶、凤庆大叶茶和宁州种 7 个茶树种质分为有穿孔类型，其余 6 个茶树种质均为无穿孔类型。

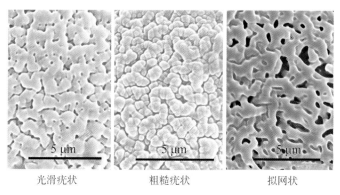

光滑疣状　　　　　　　粗糙疣状　　　　　　　拟网状

图 2-5　茶树花粉的外壁纹饰

**5. 茶树花粉的形态特征**　由图 2-4 和表 2-5 可知，13 个红绿茶品种花粉为近球体的 7 个茶树种质其萌发孔多为三孔沟，赤道面观均为近圆形，外壁纹饰多为拟网状，萌发沟大多宽且浅，沟内均有块状纹饰或颗粒状突起；花粉为长球体的 6 个茶树种质其萌发孔类型包括三孔沟和拟三孔沟两种类型，赤道面观均为长椭圆形，外壁纹饰包含疣状和拟网状两种类型，萌发沟内多为明显的块状纹饰和颗粒状突起。说明不同茶树种质花粉微形态特征具有明显的种内异质性和多样性，也具有稳定的遗传特性。

表 2-5　13 个红绿茶品种花粉形态特征

| 花粉形状 | 品种 | 萌发孔类型及极面观 | 赤道面观 | 外壁纹饰 | 萌发沟 |
|---|---|---|---|---|---|
| 近球体 | 福鼎大白茶 | 三孔沟，近三角形 | 近圆形 | 粗糙疣状 | 萌发沟宽且浅，沟内有块状纹饰 |
|  | 祁门种 | 三孔沟，近三角形 | 近圆形 | 拟网状 | 萌发沟宽且较深，颗粒状突起 |
|  | 白叶 1 号 | 三孔沟，近三角形 | 近圆形 | 拟网状 | 萌发沟宽且浅，沟内有块状纹饰 |
|  | 龙井 43 | 三孔沟，近三角形 | 近圆形 | 拟网状 | 萌发沟宽且浅，小颗粒状突起 |
|  | 紫阳种 | 三孔沟，近三角形 | 近圆形 | 拟网状 | 萌发沟宽且浅，颗粒状突起 |
|  | 湘波绿 | 三孔沟，近三角形 | 近圆形 | 粗糙疣状 | 萌发沟窄且较深，沟内有块状纹饰 |
|  | 古蔺牛皮茶 | 三孔沟，近三角形 | 近圆形 | 拟网状 | 萌发沟宽且浅，沟内有网状纹饰 |
| 长球体 | 福安大白茶 | 三孔沟，近三角形 | 长椭圆形 | 光滑疣状 | 萌发沟窄且较深，沟内有块状纹饰 |
|  | 白云 1 号 | 拟三孔沟，近三角形 | 长椭圆形 | 光滑疣状 | 萌发沟窄且较深，沟内有块状纹饰 |
|  | 凤庆大叶茶 | 拟三孔沟，近三角形 | 长椭圆形 | 拟网状 | 萌发沟宽且浅，沟内有块状纹饰 |
|  | 湄潭苔茶 | 三孔沟，近三角形 | 长椭圆形 | 光滑疣状 | 萌发沟宽且略深，沟内有明显疣状纹饰 |
|  | 龙井种 | 拟三孔沟，近三角形 | 长椭圆形 | 粗糙疣状 | 萌发沟宽且浅，颗粒状突起 |
|  | 宁州种 | 三孔沟，近三角形 | 长椭圆形 | 拟网状 | 萌发沟宽且浅，沟内有较大块状纹饰 |

### （三）讨论与结论

本研究结果表明，13个红绿茶品种花粉微形态特征具有明显的种内异质性和多样性，其形状和外壁纹饰的细微结构和萌发器官均呈种内多样性，说明茶树种内遗传较丰富多样。王伟铭（2009）研究认为，具有相似形态特征的茶树种质因其花粉具有较强的保守性和遗传稳定性，有利于茶树种质的鉴定和分类。本研究结果与其相似，供试茶树种质的花粉可分为近球体和长球体两种形状，既有共性又存在差异。共性体现在近球体和长球体茶树花粉的极面观均为近三角形，差异体现在近球体花粉的赤道面观均为近圆形，长球体花粉的赤道面观均为长椭圆形；花粉形状为近球体的茶树种质包括福鼎大白茶、祁门种、白叶1号、龙井43、紫阳种、湘波绿和古蔺牛皮茶，花粉形状为长球体的茶树种质包括福安大白茶、白云1号、凤庆大叶茶、湄潭苔茶、龙井种和宁州种。

茶树花粉在长期进化中形成独特的花粉形态，带有大量与演化相关的信息，花粉外壁纹饰作为植物精细分类的重要依据之一，被形象地称为种质的"指纹"，如本研究中，湘波绿的外壁纹饰为粗糙疣状，福安大白茶和湄潭苔茶为光滑疣状，不同茶树种质的花粉外壁纹饰呈现明显的种内异质性，因此可将其作为对植物进行精细分类的参考依据之一。13个茶树种质的花粉形态特征具有一定的共性，如外壁具拟网状纹饰和网脊呈波纹状等，可支持传统分类中的种级分类单位。

茶树花粉的保守性和遗传稳定性，在种质鉴定中具有重要参考价值。本研究中，茶树种质花粉形状和外壁纹饰的细微结构与萌发器官均呈种内多样性和异质性，表明茶树种内的遗传性较丰富多样，可作为种质鉴别的重要依据；花粉的萌发沟多、宽且浅，萌发沟内多为块状纹饰和颗粒状突起，具有明显的种内异质性和多样性，有利于为茶树的系统发育、种质鉴定、保存和资源利用提供理论依据。

供试茶树种质花粉粒大小为941.09～1 644.05 $\mu m^2$；极面观均呈三裂近三角形，极轴长为32.83～47.81 $\mu m$；赤道面观有近圆形和长椭圆形两种类型，赤道轴长为24.78～40.34 $\mu m$；萌发孔有三孔沟和拟三孔沟两种类型，萌发沟内有块状纹饰或颗粒状突起物质；花粉外壁纹饰主要为疣状和拟网状两种纹饰。不同茶树种质的花粉形态特征具有一定的共性和特异性，花粉外壁纹饰可作为茶树种质分类的重要依据之一；茶树花粉形态具有很强的保守性和遗传稳定性，可作为茶树品种鉴别的重要依据。

## 第三节 乌龙茶品种资源花粉微形态特征研究

被子植物花粉的形态特征不容易受到环境影响，具有遗传稳定性，其微形态被广泛应用于植物分类和物种鉴定。本研究通过对27份乌龙茶种质花粉微形态的观察分析，试图为乌龙茶种质花粉的微形态多样性、遗传稳定性以及乌龙茶种质分类提供微形态学依据。

### （一）材料与方法

1. **材料及取样**　2016年11月，供试的乌龙茶种质采集于宁德职业技术学院茶树品种资源圃，采摘大蕾期茶树花数朵，作为茶树花粉实验材料。

2. **实验设备** 见第一章第一节（一）材料与方法中的"2. 仪器设备"。

3. **样品前处理** 见第二章第二节（一）材料与方法中的"3. 样品前处理"。

4. **观察与分析** 见第二章第二节（一）材料与方法中的"4. 观察与分析"。

5. **统计与分析** 见第二章第二节（一）材料与方法中的"5. 统计与分析"。

## （二）结果与分析

### 1. 花粉形态特征

**（1）花粉形状与大小。** 供试茶树花粉均为单粒花粉（图 2-6），极面观为三裂近三角和三裂近圆形，按照埃尔特曼提出的用 $P/E$ 比值确定花粉形状分类的方法，供试茶树花粉赤道面观主要为近扁球形、近圆球形和近长球形（图 2-7）。虽然供试茶树花粉的形状较为相似，但从表 2-6 和表 2-7 可以明显看出，供试茶树花粉的性状特征在品种间存在较大的差异。极轴长为 30.49～42.20 μm，其中肉桂的花粉极轴长最长（42.20±1.30）μm，白样观音最短（30.49±1.78）μm；赤道轴长为 30.62～39.94 μm，其中竹叶奇兰赤道轴最长（39.94±1.30）μm，四季春最短（30.62±0.55）μm。按照王开发等提出的最长轴分类标准，供试茶树花粉均属于中等花粉，其中花粉最大的为肉桂（42.20 μm×36.85 μm），最小的为四季春（32.33 μm×30.62 μm）。极轴长与赤道轴长比值（$P/E$）在 0.84～1.22，说明供试茶树种质花粉形状大多为近圆球形。

表 2-6 乌龙茶种质花粉形态特征

| 编号 | 品种 | 花粉大小（P×E）（μm²） | 花粉形状（P/E） | 极面观 | 赤道面观 | 外壁纹饰 |
|---|---|---|---|---|---|---|
| 1 | 肉桂 | (42.20±1.30)×(36.85±0.86) | 1.15 | 三裂近圆形 | 长球形 | 疣状 |
| 2 | 铁罗汉 | (35.74±1.40)×(33.12±1.26) | 1.08 | 三裂近三角 | 近球形 | 拟网状 |
| 3 | 水金龟 | (38.34±2.56)×(32.38±2.20) | 1.19 | 三裂近三角 | 长球形 | 疣状 |
| 4 | 大红袍 | (39.66±1.05)×(32.85±1.54) | 1.21 | 三裂近三角 | 长球形 | 脑纹状 |
| 5 | 小红袍 | (38.41±1.75)×(32.38±0.92) | 1.19 | 三裂近三角 | 长球形 | 疣状 |
| 6 | 福建水仙 | (41.88±1.44)×(34.37±1.27) | 1.22 | 三裂近三角 | 长球形 | 疣状 |
| 7 | 高脚乌龙 | (38.97±0.48)×(39.24±0.47) | 0.99 | 三裂近圆形 | 近球形 | 疣状 |
| 8 | 软枝乌龙 | (36.93±1.77)×(33.46±1.47) | 1.10 | 三裂近三角 | 近球形 | 疣状 |
| 9 | 大红 | (31.31±1.95)×(36.77±2.28) | 0.85 | 三裂近圆形 | 扁球形 | 疣状 |
| 10 | 桃仁 | (32.75±1.69)×(37.49±1.07) | 0.87 | 三裂近三角 | 扁球形 | 拟网状 |
| 11 | 本山 | (33.78±1.18)×(39.22±1.59) | 0.86 | 三裂近三角 | 扁球形 | 脑纹状 |
| 12 | 梅占 | (36.32±1.01)×(34.04±1.39) | 1.07 | 三裂近三角 | 近球形 | 疣状 |
| 13 | 白奇兰 | (36.38±1.60)×(34.93±1.56) | 1.04 | 三裂近三角 | 近球形 | 疣状 |
| 14 | 早奇兰 | (32.34±1.43)×(37.43±1.92) | 0.87 | 三裂近三角 | 扁球形 | 拟网状 |
| 15 | 慢奇兰 | (31.66±1.16)×(36.92±0.87) | 0.86 | 三裂近三角 | 扁球形 | 疣状 |
| 16 | 竹叶奇兰 | (34.81±1.61)×(39.94±1.30) | 0.87 | 三裂近三角 | 扁球形 | 脑纹状 |
| 17 | 八仙茶 | (33.89±1.31)×(37.27±2.35) | 0.91 | 三裂近三角 | 近球形 | 脑纹状 |
| 18 | 杏仁茶 | (36.83±1.43)×(33.44±1.34) | 1.10 | 三裂近圆形 | 近球形 | 拟网状 |

（续）

| 编号 | 品种 | 花粉大小（P×E）（μm²） | 花粉形状（P/E） | 极面观 | 赤道面观 | 外壁纹饰 |
|---|---|---|---|---|---|---|
| 19 | 白牡丹 | (37.37±1.63)×(35.00±0.92) | 1.07 | 三裂近圆形 | 近球形 | 疣状 |
| 20 | 铁观音 | (32.68±2.10)×(37.34±3.68) | 0.89 | 三裂近圆形 | 近球形 | 疣状 |
| 21 | 黄棪 | (35.60±2.00)×(36.25±2.12) | 0.99 | 三裂近三角 | 近球形 | 脑纹状 |
| 22 | 白样观音 | (30.49±1.78)×(36.24±1.45) | 0.84 | 三裂近圆形 | 扁球形 | 疣状 |
| 23 | 红心观音 | (34.17±1.75)×(36.00±1.79) | 0.95 | 三裂近三角 | 近球形 | 疣状 |
| 24 | 白芽奇兰 | (33.48±1.23)×(37.88±1.34) | 0.88 | 三裂近圆形 | 近球形 | 疣状 |
| 25 | 四季春 | (32.33±0.85)×(30.62±0.55) | 1.06 | 三裂近三角 | 近球形 | 疣状 |
| 26 | 金萱 | (33.09±0.91)×(31.09±1.52) | 1.07 | 三裂近三角 | 近球形 | 疣状 |
| 27 | 翠玉 | (34.45±1.31)×(31.07±0.51) | 1.11 | 三裂近三角 | 近球形 | 疣状 |

表2-7　供试茶树品种花粉形态分析指标数据

| 编号 | 品种 | 极轴长（P）（μm） | 赤道轴长（E）（μm） | 花粉形状（P/E） | 萌发沟长（A）（μm） | 沟极比（A/P） |
|---|---|---|---|---|---|---|
| 1 | 肉桂 | 42.20±1.30 | 36.85±0.86 | 1.15 | 34.47±1.65 | 0.73 |
| 2 | 铁罗汉 | 35.74±1.40 | 33.12±1.26 | 1.08 | 28.90±2.22 | 0.70 |
| 3 | 水金龟 | 38.34±2.56 | 32.38±2.20 | 1.19 | 28.90±1.48 | 0.71 |
| 4 | 大红袍 | 39.66±1.05 | 32.85±1.54 | 1.21 | 33.21±1.79 | 0.71 |
| 5 | 小红袍 | 38.41±1.75 | 32.38±0.92 | 1.19 | 30.16±2.10 | 0.76 |
| 6 | 福建水仙 | 41.88±1.44 | 34.37±1.27 | 1.22 | 35.49±1.77 | 0.76 |
| 7 | 高脚乌龙 | 38.97±0.48 | 39.24±0.47 | 0.99 | 25.10±0.81 | 0.74 |
| 8 | 软枝乌龙 | 36.93±1.77 | 33.46±1.47 | 1.10 | 31.43±0.63 | 0.76 |
| 9 | 大红 | 31.31±1.95 | 36.77±2.28 | 0.85 | 29.91±1.22 | 0.73 |
| 10 | 桃仁 | 32.75±1.69 | 37.49±1.07 | 0.87 | 22.05±0.80 | 0.72 |
| 11 | 本山 | 33.78±1.18 | 39.22±1.59 | 0.86 | 32.45±1.93 | 0.75 |
| 12 | 梅占 | 36.32±1.01 | 34.04±1.39 | 1.07 | 32.19±1.00 | 0.74 |
| 13 | 白奇兰 | 36.38±1.60 | 34.93±1.56 | 1.04 | 30.67±2.40 | 0.70 |
| 14 | 早奇兰 | 32.34±1.43 | 37.43±1.92 | 0.87 | 28.90±2.17 | 0.69 |
| 15 | 慢奇兰 | 31.66±1.16 | 36.92±0.87 | 0.86 | 29.15±2.08 | 0.68 |
| 16 | 竹叶奇兰 | 34.81±1.61 | 39.94±1.30 | 0.87 | 30.93±1.63 | 0.71 |
| 17 | 八仙茶 | 33.89±1.31 | 37.27±2.35 | 0.91 | 28.39±2.13 | 0.70 |
| 18 | 杏仁茶 | 36.83±1.43 | 33.44±1.34 | 1.10 | 31.43±2.47 | 0.76 |
| 19 | 白牡丹 | 37.37±1.63 | 35.00±0.92 | 1.07 | 29.66±1.67 | 0.7 |
| 20 | 铁观音 | 32.68±2.10 | 37.34±3.68 | 0.89 | 27.77±1.76 | 0.86 |
| 21 | 黄棪 | 35.60±2.00 | 36.25±2.12 | 0.99 | 29.96±1.92 | 0.85 |
| 22 | 白样观音 | 30.49±1.78 | 36.24±1.45 | 0.84 | 30.67±1.47 | 0.71 |

（续）

| 编号 | 品种 | 极轴长（P）<br>（μm） | 赤道轴长（E）<br>（μm） | 花粉形状<br>（P/E） | 萌发沟长（A）<br>（μm） | 沟极比<br>（A/P） |
|---|---|---|---|---|---|---|
| 23 | 红心观音 | 34.17±1.75 | 36.00±1.79 | 0.95 | 31.18±1.72 | 0.71 |
| 24 | 白芽奇兰 | 33.48±1.23 | 37.88±1.34 | 0.88 | 29.15±2.12 | 0.72 |
| 25 | 四季春 | 32.33±0.85 | 30.62±0.55 | 1.06 | 26.87±1.91 | 0.67 |
| 26 | 金萱 | 33.09±0.91 | 31.09±1.52 | 1.07 | 30.42±0.43 | 0.74 |
| 27 | 翠玉 | 34.45±1.31 | 31.07±0.51 | 1.11 | 26.36±1.27 | 0.69 |

**（2）花粉萌发器官。**供试茶树花粉均为三孔沟，内孔在赤道部位突起，使沟近乎断裂成两个半沟，赤道中部较宽，两端渐尖，呈纺锤形沿极轴方向等间距环状分布（图2-6c）。按照埃尔特曼的NPC分类系统，属 $N_3P_4C_5$ 型（N为萌发孔的数目、P为萌发孔的位置、C为萌发孔的特征）。由表2-7可以看出，供试茶树种质萌发沟长为 22.05～35.49 μm，其中萌发沟最长的为福建水仙（35.49 μm），最短的为桃仁（22.05 μm）。

**（3）花粉外壁纹饰。**供试茶树花粉外壁纹饰主要为疣状、脑纹状和拟网状3种纹饰特征，少数花粉外壁附有不规则穿孔（图2-8）。

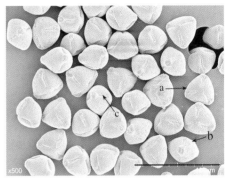

图2-6 供试茶树花粉总体形态电子显微图

注：a：极面观；b：赤道面观；c：萌发沟；标尺 100 μm。

图2-7 供试茶树花粉形态电子显微图

A. 三裂近三角 B. 三裂近圆形 C. 近扁球形 D. 近圆球形 E. 近长球形

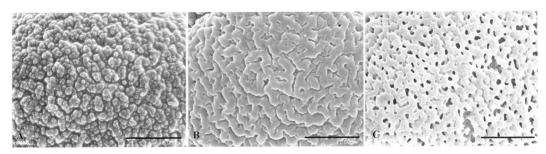

图2-8 供试茶树花粉外壁纹饰电子显微图

A. 疣状纹饰 B. 脑纹状纹饰 C. 拟网状纹饰

疣状纹饰：表面为不规则的块状突起物，形似疣。供试茶树品种中肉桂、水金龟、小红袍、梅占等花粉外壁纹饰为疣状纹饰。

脑纹状纹饰：褶皱条纹较粗大，起伏平缓，形似脑纹。供试茶树品种中大红袍、本山、八仙茶等花粉外壁纹饰为脑纹状纹饰。

拟网状纹饰：褶皱较为稀疏，多有穿孔，似网状。供试茶树品种中铁罗汉、桃仁、早奇兰等花粉外壁纹饰为拟网状纹饰。

**2. 主成分分析** 取供试茶树的花粉作为运算单位，共 10 个性状，对其进行主成分分析。前 3 个主成分的累积贡献率 75.846%，保留了大多数原始数据信息（表 2-8）。以前 3 个主成分为基础数据做三维散点图（图 2-9），由图可以明显看出，供试茶树种质在三维空间的分布主要集中在三大区域，同一地区的茶树种质具有相似的花粉微形态特征，因此被投影在相同区域。如闽北乌龙茶品种的茶树花粉具有较大的体积，赤道面观多为长球形，花粉大小为（1 340.13±141.60）μm²，花粉极面观均为三裂近三角；闽南乌龙茶品种花粉大小仅次于闽北乌龙（1 242.45±93.14）μm²，花粉赤道面观为扁球形的茶树种质主要集中在闽南地区，如大红、桃仁、本山、早奇兰等花粉赤道面观均为扁球形；台湾茶树种质花粉大小最小，为（1 029.30±39.97）μm²，极面观均为三裂近圆形，赤道面观均为近圆形，外壁纹饰均为疣状纹饰。

表 2-8　主成分分析的特征值和方差贡献率

| 主成分 | 特征值 | 贡献率（%） | 累积贡献率（%） |
|---|---|---|---|
| 1 | 3.595 | 35.952 | 35.952 |
| 2 | 2.499 | 24.987 | 60.939 |
| 3 | 1.491 | 14.907 | 75.846 |

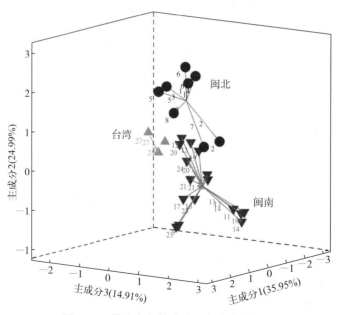

图 2-9　供试乌龙茶种质的主成分散点图

## （三）结论

（1）本研究利用扫描电镜对中国部分乌龙茶茶树品种的花粉形态进行了系统研究。笔者发现不同品种的乌龙茶种质，其花粉形态表现出不同的形态特征，其中花粉大小在不同品种间具有较大的差异，研究发现闽北乌龙茶种质花粉最大，其次是闽南乌龙茶，台湾乌龙茶的花粉最小。

（2）主成分分析结果显示，相同地区的茶树品种在三维散点图的分布较为接近，这说明乌龙茶种质经过长期的演化和对生长环境的适应，相同地区的茶树花粉表现出较为相似的形态特征。聚类分析结果表明，供试茶树种质的遗传距离在很大程度上受茶树产地环境的影响。

乌龙茶品种间的花粉特征差异明显，花粉微形态特征可为乌龙茶种质资源的遗传多样性分析、乌龙茶品种鉴定和分类提供参考依据。

## ◆ 本章研究成果引自下述文献

樊晓静，2021. 闽东茶树种质资源 SNP 多样性分析及微形态特征研究 ［D］. 福州：福建农林大学 .（导师：叶乃兴，于文涛）

樊晓静，于文涛[*]，蔡春平，王泽涵，林浥，张琛，叶乃兴[*]，2021. 茶树种质资源花器官微形态特征观察 ［J］. 南方农业学报，52（3）：700 - 710.

谢微微，2018. 35 份茶树种质资源叶表皮微形态与花粉形态特征研究 ［D］. 福州：福建农林大学 .（导师：叶乃兴，于文涛）

谢微微，于文涛[*]，杨国一，陈静，潘玉华，叶乃兴[*]，2018. 14 个茶树品种的花粉微形态观察 ［J］. 南方农业学报，49（9）：1698 - 1704.

杨国一，2018. 乌龙茶种质叶片与花粉微形态特征研究 ［D］. 福州：福建农林大学 .（导师：叶乃兴，于文涛）

注：[*] 为通讯作者。

# 第三章

# 福建特异茶树种质资源微形态研究

福建省为中亚热带和南亚热带气候，年平均气温 17～21 ℃，年降水量 1 400～2 000 mm，适合茶树生长，野生茶树资源丰富。武夷类群是茶树原始种群的东端次生群，分布区域主要为武夷山系和台湾山系，该地区野生茶树资源广泛分布在海拔 1 000 m 上下的阔叶林中（郭元超，1994）。迄今为止，已在福建省境内的武夷山脉、戴云山脉、鹫峰山脉、洞宫山脉、博平岭、玳瑁山脉和太姥山脉等地发现丰富多样的茶树种质资源。

## 第一节　福建秃房野生茶树种质资源子房微形态观察

自 20 世纪 50 年代以来，茶学科技人员通过对福建茶区茶树种质资源的系统考察鉴定，在安溪、尤溪、大田、蕉城、连城、漳平、云霄、诏安等地挖掘出苦茶等野生茶树资源，而秃房类型的野生茶树资源较为稀少。郭元超研究员（1994）在福建戴云山（安溪）和鹫峰山（蕉城）发现秃房野生茶树单株。福建云霄和诏安两县位于福建南部，两地野生茶树多生长在未开发或半开发的原始林区和次生林区，生态环境较为独特，适宜茶树生长。2018—2019 年，叶乃兴教授团队联合云霄县茶叶科学研究所在对云霄县和诏安县的古茶树、野生茶种质资源调查时，首次在福建省发现了秃房野生茶树种群。此后，课题组在新罗、大田、华安、南靖等茶区陆续发现秃房野生茶树。团队成员采集了云霄县和诏安县两地的野生茶树花器官样品，并开展了福建秃房野生茶树种质资源子房微形态观察。本研究采用冷场发射扫描电镜观察云霄、诏安野生茶树的子房微形态特征。

### （一）材料与方法

1. **实验材料**　实验材料于 2019 年 11 月取自云霄县大帽山（北纬 23°83′，东经 117°44′），小帽山（北纬 24°11′，东经 117°39′），乌山（北纬 23°92′，东经 117°19′）以及诏安县龙伞崀（北纬 24°09′，东经 117°05′）4 个地点。采集 29 份当地野生茶树种质，其中云霄县 17 份，诏安县 12 份，均为小乔木型。

2. **仪器与试剂**　见第一章第一节（一）材料与方法中的"2. 仪器设备"和"3. 实验方法"。

3. **样品前处理**　将去除萼片的茶树子房从中部切开，每半个子房作为一个实验材料进行固定，具体步骤见第一章第二节（一）材料与方法中的"3. 样品前处理"。

4. **观察与分析**　见第一章第二节（一）材料与方法中的"4. 观察与分析"。

5. **统计与分析**　见第一章第二节（一）材料与方法中的"5. 统计与分析"。每份实验样品于 50 倍放大倍数下观察子房是否有茸毛以及茸毛数量和茸毛长度；在 1 000 倍放大倍数下观察子房外壁纹饰。每个种质样品取 3 份，每个性状重复测量 3 次。

## （二）结果与分析

**1. 云霄、诏安野生茶树子房茸毛特征**　在 29 份野生茶树种质中，14 份种质子房表面无茸毛，如云霄小帽山 02、云霄小帽山 05 和诏安龙伞 01 等，称为秃房种质（图 3-1，图 3-3，表 3-1），占全部种质的 48.3%，其中云霄有 7 份秃房种质；15 份种质子房表面有茸毛，如云霄小帽山 01、云霄小帽山 03 和诏安龙伞 04 等，称为茸房种质（图 3-2，图 3-4，表 3-2），占全部种质的 51.7%，其中云霄有 10 份茸房种质。

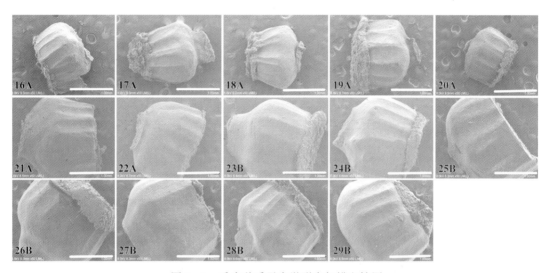

图 3-1　秃房种质子房微形态扫描电镜图

注：16～29 分别为供试茶树的种质编号，详见表 3-1，本节余后同；A：云霄；B：诏安；标尺 1 000 μm。

表 3-1　云霄、诏安野生茶树秃房种质的子房微形态性状

| 序　　号 | 种质资源 | 外壁纹饰 | 种质编号 |
| --- | --- | --- | --- |
| 1 | 云霄小帽山 02 | 凹陷 | 16A |
| 2 | 云霄小帽山 05 | 凹陷 | 17A |
| 3 | 云霄小帽山 07 | 凹陷 | 18A |
| 4 | 云霄大帽山 01 | 凹陷 | 19A |
| 5 | 云霄乌山 02 | 凹陷 | 20A |
| 6 | 云霄小帽山 10 | 平展 | 21A |
| 7 | 云霄小帽山 13 | 凹陷 | 22A |
| 8 | 诏安龙伞 01 | 平展 | 23B |
| 9 | 诏安龙伞 02 | 平展 | 24B |
| 10 | 诏安龙伞 03 | 平展 | 25B |
| 11 | 诏安龙伞 06 | 凸起 | 26B |
| 12 | 诏安龙伞紫 01 | 平展 | 27B |
| 13 | 诏安龙伞紫 02 | 平展 | 28B |
| 14 | 诏安大茶树 | 平展 | 29B |

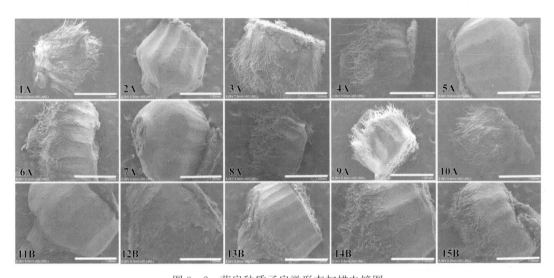

图 3-2　茸房种质子房微形态扫描电镜图

注：1～15 分别为供试茶树的种质编号，详见表 3-2，本节余后同；A：云霄；B：诏安；标尺 1 000 μm。

图 3-3　体视显微镜下秃房种质照片

图 3-4　体视显微镜下茸房种质照片

表 3-2　云霄、诏安野生茶树茸房种质的子房微形态性状

| 序号 | 种质资源 | 外壁纹饰 | 茸毛分布 | 茸毛多少 | 茸毛长度（μm） | 种质编号 |
|---|---|---|---|---|---|---|
| 1 | 云霄小帽山 01 | 凹陷 | 满被茸毛 | 多 | 688.72±107.85a | 1A |
| 2 | 云霄小帽山 03 | 凹陷 | 多数位于顶部 | 极少 | 542.11±247.74a | 2A |
| 3 | 云霄小帽山 04 | 凹陷 | 集中于顶部和上部 | 中 | 281.58±47.47a | 3A |
| 4 | 云霄小帽山 06 | 凹陷 | 集中于顶部和上部 | 中 | 461.42±82.84a | 4A |
| 5 | 云霄乌山 01 | 平展 | 多数位于顶部 | 极少 | 151.31±26.25a | 5A |
| 6 | 云霄大帽山 02 | 平展 | 集中于顶部和上部 | 中 | 395.85±61.82a | 6A |
| 7 | 云霄小帽山 08 | 凹陷 | 多数位于顶部 | 极少 | 183.10±54.22b | 7A |

（续）

| 序号 | 种质资源 | 外壁纹饰 | 茸毛分布 | 茸毛多少 | 茸毛长度（μm） | 种质编号 |
|---|---|---|---|---|---|---|
| 8 | 云霄小帽山 09 | 凹陷 | 集中于顶部和上部 | 中 | 714.27±87.21a | 8A |
| 9 | 云霄小帽山 11 | 凹陷 | 集中于顶部和上部 | 中 | 437.21±105.10a | 9A |
| 10 | 云霄小帽山 12 | 凹陷 | 满被茸毛 | 多 | 506.08±104.22a | 10A |
| 11 | 诏安龙伞 04 | 平展 | 多数位于顶部 | 极少 | 301.27±109.75a | 11B |
| 12 | 诏安龙伞 05 | 平展 | 集中于顶部和上部 | 中 | 275.27±61.24a | 12B |
| 13 | 诏安龙伞 07 | 平展 | 多数位于顶部 | 少 | 272.21±63.85a | 13B |
| 14 | 诏安龙伞 08 | 凸起 | 多数位于顶部 | 少 | 322.36±43.13a | 14B |
| 15 | 诏安龙伞 09 | 凸起 | 多数位于顶部 | 少 | 270.42±50.37a | 15B |

注：同列数据后不同小写字母表示在 $P<0.05$ 水平下差异显著。

在本研究的茸房种质资源中，子房茸毛多的种质有云霄小帽山 01 和云霄小帽山 12，茸毛布满整个子房；云霄小帽山 04、云霄小帽山 06 和云霄大帽山 02 等 6 份种质子房茸毛数量中等，其茸毛主要集中在子房顶部和上部；诏安龙伞 07、诏安龙伞 08 和诏安龙伞 09 等 3 份种质子房茸毛数量少，集中在子房顶部；云霄小帽山 03、云霄乌山 01 和云霄小帽山 08 等 4 份种质子房茸毛数量极少，大多分布在子房顶部。在茸房种质中，子房茸毛长度为 151.31~714.27 μm，子房茸毛长度种间差异较大，其中云霄小帽山 09 相对最长，云霄乌山 01 相对最短。

**2. 云霄、诏安野生茶树子房外壁纹饰特征**　通过扫描电镜观察可以看出，供试茶树种质的子房外壁纹饰分为凹陷型、平展型和凸起型 3 种类型（图 3-5）。凹陷型种质共 14 份，平展型种质共 12 份，凸起型种质共 3 份（图 3-6，图 3-7），云霄种质子房外壁纹饰凹陷型 14 份，平展型 3 份，而诏安种质子房外壁纹饰平展型 9 份，凸起型 3 份，说明云霄野生茶树和诏安野生茶树子房外壁纹饰地域特征差异明。

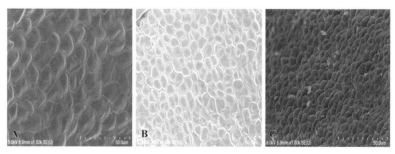

图 3-5　子房外壁纹饰类型
A. 凹陷型　B. 平展型　C. 凸起型

## （三）讨论与结论

花器官子房茸毛性状是茶组植物分类的重要依据之一，本研究中，取自福建省云霄县和诏安县的 29 份野生茶树种质可分为秃房种质和茸房种质两种类型，子房茸毛数量、茸

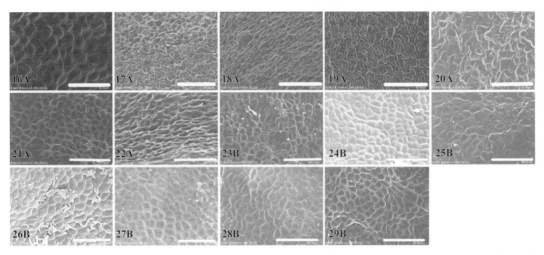

图 3-6 秃房种质子房外壁纹饰微形态扫描电镜图

注：16~29 分别为供试茶树的种质编号；A：云霄；B：诏安；标尺 50 μm。

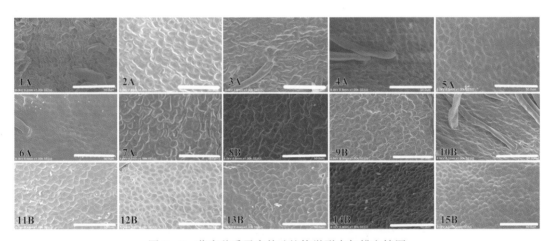

图 3-7 茸房种质子房外壁纹饰微形态扫描电镜图

注：1~15 分别为供试茶树的种质编号；A：云霄；B：诏安；标尺 50 μm。

毛长度及分布具有明显的多样性。供试野生茶树种质中，子房茸毛少、极少和秃房种质共 21 份，占全部种质的 72.4%。除子房满被茸毛的品种外，其余大多种质的茸毛分布在子房上半部分，且种质间的子房茸毛数量和长度差异较大。

茶组植物秃房茶主要分布在云南、广西、广东、贵州、四川，除秃房茶这一近缘种外，广东凤凰水仙优选群体茶树中也曾发现 40% 的单株子房无茸毛。笔者团队发现了福建省境内的秃房野生茶树群体种质资源，并首次对福建野生茶树子房茸毛特征、子房微形态进行观察，发现该群体子房茸毛特征具有明显的多样性，且云霄、诏安野生茶树种质资源子房外壁纹饰地域差异明显（图 3-8）。本研究的发现扩大了秃房野生茶树种质资源在中国的分布范围，丰富了该资源的地理分布资料，对野生茶树种质资源的保护和利用具有重要意义。

图 3-8 云霄秃房茶树资源

# 第二节 福建云霄秃房野生茶树群体 花器官微形态特征研究

云霄县位于福建省东南部，为亚热带海洋性季风气候，地形多丘陵、低山，地貌多花岗岩、露岩，具有悠久的产茶历史，茶树种质资源丰富，在云霄县小帽山、大帽山、梁山、南乌山和鸡笼山挖掘出云霄云香茶、梁山大茶树、鸡笼山大茶树等优特异茶树种质。同时，笔者团队在观察了福建秃房野生茶树种质资源子房微形态的基础上，在本节中对云霄秃房野生茶树的花柄、花托、花萼和子房等花器官的微形态特征进行深入研究。

## （一）材料与方法

1. **供试材料** 供试材料为 2021 年 11 月采摘的云霄野生茶树花朵，取样地点为福建省云霄县。样品共计 30 个，取自小帽山 1 号、龙翔 1 号和梁山大茶树 1 号等 10 份野生茶树种质，详细信息见表 3-3，每份野生茶树种质资源的 3 份花器官样品均采自单株。

表 3-3 供试云霄野生茶树群体种质资源信息

| 种质名称 | 种源 | 子房茸毛 | 种质名称 | 种源 | 子房茸毛 |
| --- | --- | --- | --- | --- | --- |
| 小帽山 1 号 | 云霄县小帽山 | 无 | 小帽山 6 号 | 云霄县小帽山 | 无 |
| 小帽山 2 号 | 云霄县小帽山 | 有 | 小帽山 7 号 | 云霄县小帽山 | 无 |
| 小帽山 3 号 | 云霄县小帽山 | 有 | 龙翔 1 号 | 云霄县梁山 | 无 |
| 小帽山 4 号 | 云霄县小帽山 | 无 | 龙翔 2 号 | 云霄县梁山 | 无 |
| 小帽山 5 号 | 云霄县小帽山 | 无 | 梁山大茶树 1 号 | 云霄县梁山 | 无 |

2. **仪器与试剂** 见第一章第一节（一）材料与方法中的"2. 仪器设备"和"3. 实验方法"。

3. **样品前处理** 见第二章第二节（一）材料与方法中的"3. 样品前处理"。

4. **观察与分析** 见第二章第二节（一）材料与方法中的"4. 观察与分析"。

5. **统计与分析** 见第一章第二节（一）材料与方法中的"5. 统计与分析"。

## （二）结果与分析

1. **云霄野生茶树花器官微形态特征** 本实验样品为云霄野生茶树花器官，包括花柄、花托和花萼等 6 个部位。

**（1）云霄野生茶树花柄、花托微形态性状。** 扫描电镜下图像表明，30 个样品中的花柄和花托外表面体表纹饰趋于相同，如图 3 - 9A1 和图 3 - 9A2，细胞均呈矩形，体表纹饰主要表现出细的长矩状纹路，10 份茶树种质资源花柄表皮上未见气孔；在小帽山 3 号、小帽山5 号、小帽山 7 号和梁山大茶树 1 号的花托上均观察到气孔，如图 3 - 9A3 和图 3 - 9A4，而其他茶树种质资源花托上未见气孔。

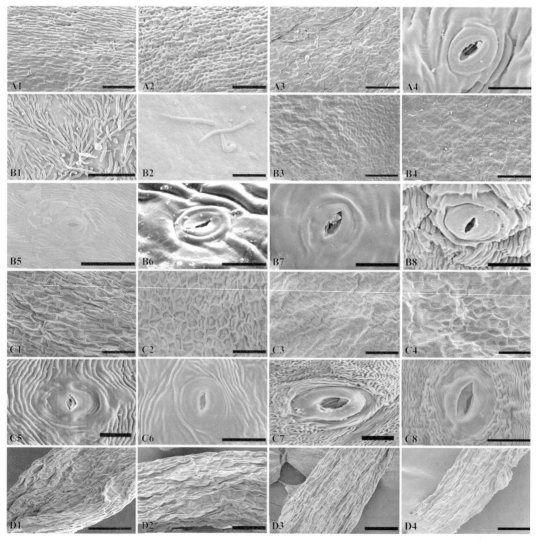

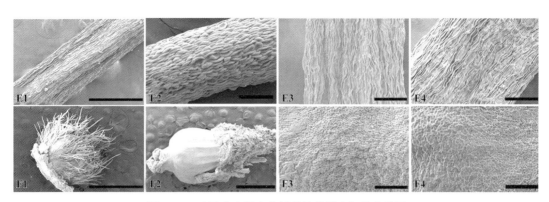

图 3-9  云霄秃房野生茶树群体花器官扫描电镜图

注：A1，A2：花托纹饰（小帽山 2 号）、花柄纹饰（小帽山 7 号），标尺 100 μm；A3：花托气孔（小帽山 3 号），标尺 100 μm；A4：花托气孔（小帽山 7 号），标尺 20 μm；B1：萼片茸毛（梁山大茶树 1 号），标尺为 200 μm；B2：萼片茸毛（小帽山 1 号），标尺为 100 μm；B3，B4：萼片内表皮纹饰（小帽山 7 号、小帽山 4 号），标尺 100 μm；B5：萼片气孔（小帽山 1 号），标尺 50 μm；B6~B8：萼片气孔（小帽山 7 号、小帽山 2 号、小帽山 5 号），标尺 20 μm；C1~C4：花瓣纹饰（梁山大茶树 1 号、小帽山 6 号、小帽山 5 号、龙翔 1 号），标尺 100 μm；C5~C8：花瓣气孔（龙翔 1 号、小帽山 7 号、小帽山 5 号、小帽山 4 号），标尺 20 μm；D1~D4：花丝纹饰（梁山大茶树 1 号、龙翔 1 号、小帽山 7 号、小帽山 3 号），标尺 100 μm；E1：花柱（小帽山 1 号），标尺 500 μm；E2~E4：花柱纹饰（小帽山 2 号、龙翔 1 号、小帽山 6 号），标尺 100 μm；F1，F2：子房（小帽山 3 号、小帽山 7 号），标尺 1 mm；F3，F4：子房表皮纹饰（小帽山 5 号、小帽山 7 号），标尺 100 μm。

**（2）云霄野生茶树花萼、花瓣微形态性状。**扫描电镜下图像表明，云霄野生茶树花萼的内侧体表细胞主要为不规则的多边形，表面平滑（表 3-4，表 3-5，表 3-6）。其中，梁山大茶树 1 号的萼片内表皮存在较多的茸毛（图 3-9B1），而小帽山 1 号（图 3-9B2）、小帽山 2 号和小帽山 5 号的萼片内表皮茸毛数量较少；萼片外表细胞主要呈现出不规则状，表面较光滑具平展纹饰、皱脊状纹饰，气孔器主要分布于根部或边缘，气孔均突出于细胞表面。小帽山 3 号、龙翔 2 号和小帽山 4 号（图 3-9B4）的花萼内侧体表细胞则呈现出起伏不定，小帽山 6 号和梁山大茶树 1 号的花萼内侧体表细胞较平展且饱满。小帽山 1 号、小帽山 6 号的花萼外侧气孔均突出于外侧体表（图 3-9B5），小帽山 7 号显著低于表皮（图 3-9B6），其他种质均稍突出于表皮；小帽山 2 号、小帽山 7 号、梁山大茶树 1 号和龙翔 2 号的花萼外缘角质层均呈脊状增宽；小帽山 2 号的花萼外侧气孔周边较平滑（图 3-9B7），其他种质的花萼外侧气孔周边大多分布皱脊状纹饰（图 3-9B8）。萼片气孔器大小为 195.29~539.52 μm²，开度为 0.18~0.40。

表 3-4  云霄野生茶树种质资源花萼气孔微形态性状

| 种质 | 内气孔长<br>（μm） | 内气孔宽<br>（μm） | 外气孔长<br>（μm） | 外气孔宽<br>（μm） | 气孔器大小<br>（μm²） | 气孔开度 |
|---|---|---|---|---|---|---|
| 小帽山 1 号 | 15.12±1.35 | 6.02±1.20 | 29.15±1.70 | 18.50±1.36 | 539.52±52.04 | 0.40±0.05 |
| 小帽山 2 号 | 14.69±1.93 | 4.43±1.41 | 25.73±4.99 | 16.99±4.14 | 449.66±195.45 | 0.30±0.07 |
| 小帽山 3 号 | 9.31±1.14 | 2.54±0.87 | 19.37±3.54 | 10.03±2.43 | 195.29±66.35 | 0.28±0.14 |
| 小帽山 4 号 | 17.90±1.49 | 3.28±1.31 | 28.86±4.75 | 15.47±3.80 | 456.60±181.56 | 0.18±0.06 |
| 小帽山 5 号 | 13.92±3.94 | 5.02±2.22 | 25.40±3.53 | 17.16±3.47 | 443.65±140.28 | 0.35±0.09 |

（续）

| 种质 | 内气孔长<br>（μm） | 内气孔宽<br>（μm） | 外气孔长<br>（μm） | 外气孔宽<br>（μm） | 气孔器大小<br>（μm²） | 气孔开度 |
|---|---|---|---|---|---|---|
| 小帽山 6 号 | 13.00±3.92 | 4.72±1.96 | 26.85±5.39 | 17.58±5.11 | 484.58±216.30 | 0.36±0.04 |
| 小帽山 7 号 | 10.78±2.01 | 3.42±1.71 | 19.85±0.40 | 13.41±3.14 | 274.85±109.54 | 0.32±0.17 |
| 龙翔 1 号 | 11.03±2.26 | 3.84±0.60 | 22.05±5.39 | 14.72±1.94 | 291.57±32.30 | 0.32±0.17 |
| 龙翔 2 号 | 11.03±3.13 | 2.65±0.40 | 23.54±4.43 | 18.40±1.12 | 435.13±97.10 | 0.25±0.04 |
| 梁山大茶树 1 号 | 12.13±3.21 | 4.72±1.75 | 19.99±5.11 | 13.41±3.14 | 274.85±109.54 | 0.39±0.08 |

表 3-5　云霄野生茶树种质资源花萼微形态性状

| 种质 | 内表皮 | 茸毛纹饰 | 外表皮 | 气孔器 |
|---|---|---|---|---|
| 小帽山 1 号 | 表皮细胞形状为多边形，表面光滑，茸毛较少 | 平滑 | 表皮细胞形状不规则，表面存在皱脊状纹饰 | 明显突出于表皮，外拱盖较平滑，外缘角质层呈脊状增宽且具条状纹饰环绕 |
| 小帽山 2 号 | 表皮细胞形状为多边形，表面呈平展状，茸毛较少 | 平滑 | 表皮细胞形状不规则，表面光滑且具有大量条纹纹饰 | 稍突出于表皮，外拱盖较平滑，外缘角质层呈脊状增宽，且具皱脊纹饰环绕 |
| 小帽山 3 号 | 表皮细胞形状为多边形，细胞起伏不定，呈波浪状 | 平滑 | 表皮细胞形状不规则，表面光滑且具少量条状纹饰 | 稍突出于表皮，外拱盖较平滑，外缘角质层呈脊状增宽，且具条状纹饰环绕 |
| 小帽山 4 号 | 表皮细胞形状为多边形，细胞起伏不定 | 平滑 | 表皮细胞形状不规则，表面光滑且具条纹纹饰 | 稍突出于表皮，外拱盖平滑，外缘角质层具条状纹饰环绕 |
| 小帽山 5 号 | 表皮细胞形状不规则，具波浪状纹饰，茸毛较少 | 平滑 | 表皮细胞形状不规则，表面光滑且具较多条状纹饰 | 稍突出于表皮，外拱盖较平滑，外缘角质层具条状纹饰环绕 |
| 小帽山 6 号 | 表皮细胞形状不规则，细胞平展较饱满 | 平滑 | 表皮细胞形状不规则，表面光滑且具条状纹饰 | 稍突出于表皮，外拱盖平滑，外缘角质层具条状纹饰环绕 |
| 小帽山 7 号 | 表皮细胞形状不规则，细胞呈波浪状且较饱满 | 平滑 | 表皮细胞形状不规则，表面光滑且具平展状纹饰 | 稍凹于表皮，外拱盖较平滑，外缘角质层呈脊状增宽且具条状纹饰 |
| 龙翔 1 号 | 表皮细胞形状为多边形，细胞平展且较饱满 | 平滑 | 表皮细胞形状不规则，表面光滑且具平展状纹饰 | 稍突出于表皮，外拱盖较平滑，外缘角质层具皱脊状纹饰 |
| 龙翔 2 号 | 表皮细胞形状为多边形，细胞起伏不定 | 平滑 | 表皮细胞形状不规则，表面光滑且具较多皱脊状纹饰 | 稍突出于表皮，外拱盖较平滑，外缘角质层呈脊状增宽且具条状纹饰环绕 |
| 梁山大茶树 1 号 | 表皮细胞形状为多边形，细胞平展且饱满 | 平滑 | 表皮细胞形状不规则，表面光滑且具较多皱脊状纹饰 | 稍突出于表皮，外拱盖较平滑，外缘角质层呈脊状增宽且具条状纹饰环绕 |

表 3 - 6　云霄野生茶树种质资源花瓣微形态性状

| 种　　质 | 表皮细胞类型 | 气孔器有无及其微形态特征 |
|---|---|---|
| 小帽山 1 号 | 细胞形状为不规则多边形，为波浪状、皱脊状纹饰 | 有，气孔器稍内陷于表皮，气孔外拱盖平滑被浅波纹，外缘具明显的条纹环绕 |
| 小帽山 2 号 | 细胞形状为不规则多边形，为皱脊状、条状纹饰 | 有，气孔器稍内陷于表皮，气孔外拱盖平滑被浅波纹，外缘具明显的条纹环绕 |
| 小帽山 3 号 | 细胞形状为不规则多边形，为皱脊状纹饰 | 有，气孔器与表皮持平，气孔外拱盖平滑，外缘具明显皱脊状纹饰环绕 |
| 小帽山 4 号 | 细胞形状为五边形、六边形，表面起伏不定，为条状纹饰 | 有，气孔器与表皮持平，气孔外拱盖平滑被浅波纹，外缘具较多条纹环绕 |
| 小帽山 5 号 | 细胞形状为六边形，表面起伏不定，为皱脊状纹饰、条状纹饰 | 有，气孔器与表皮持平，气孔外拱盖平滑，外缘与表皮之间有凸的皱脊状纹饰 |
| 小帽山 6 号 | 细胞形状为五边形，表面起伏不定，为皱脊状纹饰 | 无 |
| 小帽山 7 号 | 细胞形状为五边形、不规则多边形，细胞间凹陷明显，为条状纹饰 | 有，气孔器与表皮持平，气孔外拱盖平滑，外缘皱脊状且具条纹环绕 |
| 龙翔 1 号 | 细胞形状为不规则多边形、近圆形，表面起伏不定，为条状纹饰 | 有，气孔器稍内陷于表皮，气孔外拱盖平滑，外缘具辐射状纹饰环绕 |
| 龙翔 2 号 | 细胞形状为不规则多边形，表面起伏不定，为波浪状、脊状纹饰 | 无 |
| 梁山大茶树 1 号 | 细胞形状为五边形、不规则多边形，表面起伏不定，为波浪状、脊状纹饰 | 无 |

10 份茶树种质的花瓣体细胞外形有不规则的多边形、五边形、六边形、近圆形 4 种类型（图 3 - 9C1，图 3 - 9C2，图 3 - 9C3，图 3 - 9C4），其中分布着波浪状、条纹状、皱脊状等纹饰。小帽山 4 号、龙翔 1 号、小帽山 7 号和梁山大茶树 1 号的花瓣表皮细胞形态特征表现出非单一性，如小帽山 7 号茶树的花瓣表皮细胞形状有不规则多边形、五边形等，而龙翔 1 号茶树的花瓣表皮细胞形状有不规则多边形、近圆形等。其他种质的花瓣表皮细胞形状多为不规则或单一多边形；除小帽山 6 号、梁山大茶树 1 号、龙翔 2 号未见气孔，其余种质的花瓣体表均观察到气孔存在。小帽山 1 号、小帽山 2 号和龙翔 1 号（图 3 - 9C5）的花瓣气孔略低于表皮，其余种质的花瓣气孔器与表皮持平。小帽山 1 号、小帽山 2 号、小帽山 4 号和小帽山 7 号（图 3 - 9C6）的花瓣气孔外缘围绕粗条状纹饰，龙翔 1 号气孔器外拱盖明显增大且外围覆盖辐射状纹饰（图 3 - 9C4），其余种质均为环绕皱脊状纹饰。

**（3）云霄野生茶树雄蕊微形态性状。** 扫描电镜下图像表明，花丝表皮细胞排列紧密，纹饰为条状、丝状、波状。小帽山 5 号、小帽山 7 号种质存在极少数气孔，其他种质未发现茸毛和气孔。龙翔 2 号、梁山大茶树 1 号的体表纹饰表现为水波形（图 3 - 9D1）；小帽山 4 号、小帽山 5 号和龙翔 1 号（图 3 - 9D2）表现为盘曲且略粗的丝状；小帽山 1 号、小帽山 2 号、小帽山 3 号、小帽山 6 号和小帽山 7 号表现为微曲的条形（图 3 - 9D3，图 3 - 9D4）。

**(4) 云霄野生茶树雌蕊微形态性状。** 运用扫描电镜观察样品花柱，其表细胞突起，花粉粒附着可见，这表明柱头上正进行授粉过程。花柱呈上下底面积差异较小的圆台形（图3-9E1），从花柱根部至顶端其横截面渐小，体表细胞紧凑。根据花柱细胞形状可把10份茶树种质分为梭形、长条纹形和不规则多边形3种类型，其中，小帽山2号（图3-9E2）、小帽山3号的花柱细胞形状为梭形，小帽山1号、小帽山4号、龙翔1号（图3-9E3）、小帽山7号和梁山大茶树1号为长条纹形，小帽山5号、小帽山6号（图3-9E4）和龙翔2号则为不规则的多边形。根据茶树子房是否被茸毛可分为两类：小帽山2号和小帽山3号（图3-9F1）种质的子房满被茸毛，茸毛纹饰为平滑型；小帽山1号、小帽山4号、小帽山5号、小帽山6号、龙翔1号、小帽山7号（图3-9F2）、梁山大茶树1号和龙翔2号种质的子房未被茸毛。小帽山5号（图3-9F3）、梁山大茶树1号、龙翔1号和小帽山6号种质的子房表皮细胞突起；小帽山1号和小帽山7号（图3-9F4）子房表皮细胞略微内陷；小帽山2号、小帽山3号、小帽山4号和龙翔2号的子房表皮细胞相对平缓。

**2. 茶树花器官气孔数量性状的变异分析** 通过对样品所观测到的花萼气孔数量性状进行变异分析，其变异系数结果在2.04%～53.68%，平均值为23.16%。种质内气孔数量性状的变异系数平均值为10.87%～29.36%，而种质间的气孔数量性状的变异系数平均值为14.78%～32.99%。可见，茶树花器官的结构气孔数量特征不稳定，不具备明显的可区分性。

**3. 基于茶树花器官微形态性状的主坐标分析** 对样品的22个茶树花器官结构微形态特征（包括6个气孔数量特征在内）进行主坐标分析，结果表明（图3-10），试验材料中，梁山大茶树1号、小帽山2号、小帽山6号、龙翔1号和小帽山7号等种质之间存在相互交错现象，种质未见明显区分。只利用样品的质量性状数据展开主坐标分析，结果如图3-11所示，30个样品聚成了10个独立的区域，且每个区域各为1份种质。分析结果的前5个主成分的贡献率总和高达83.25%，这意味着这5个主成分可以作为种质区分的关键因素。其中，第1主成分的贡献率29.94%，主要由花瓣气孔外拱盖所披纹饰类型、花瓣气孔器与表皮关系所决定；第2主成分的贡献率19.35%，主要由花瓣细胞形状、子房壁形状所决定；第3主成分的贡献率15.28%，主要由花萼外表纹饰形状、花萼内表皮细胞起伏所决定；第

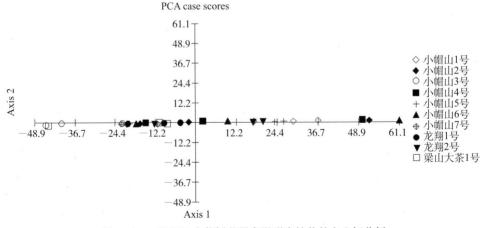

图3-10 基于22个茶树花器官微形态性状的主坐标分析

4 主成分的贡献率 11.91%，主要由花瓣细胞外形特征、花丝表面纹饰所决定；第 5 主成分的贡献率 6.73%，主要由萼片内表皮细胞起伏、花瓣气孔与体表细胞的关系所决定。对 22 个微形态特征（含 6 个气孔数量特征）和 16 个微形态特征（仅含质量特征）的分析显示，气孔数量性状的存在将导致聚类效果不佳；而只用质量性状时，种质聚类效果得到显著的改善。

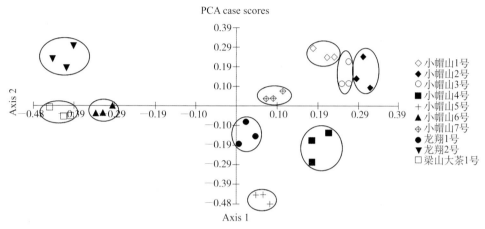

图 3-11  基于 16 个茶树花器官微形态性状的主坐标分析

**4. 基于茶树花器官微形态性状的聚类分析**  由于气孔数量性状不具备品种特异性，根据 10 份供试材料的数据，对 16 个质量性状进行聚类分析，如图 3-12 所示。在欧式距离为 5.75 时，10 份种质可分为 2 支，小帽山 1 号、小帽山 2 号和小帽山 3 号聚为一支，这 3 份种质的共同特征是萼片内表细胞不规则，萼片外表细胞形状不规则，气孔器突出于表皮，小帽山 2 号、小帽山 3 号的萼片外表皮表面光滑且具条纹纹饰，而小帽山 1 号的萼片表面存在皱脊状纹饰。花瓣细胞形状为不规则多边形，存在明显的皱脊纹饰。龙翔 1

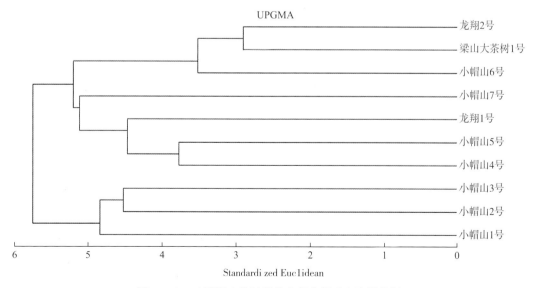

图 3-12  云霄野生茶树群体花器官微形态聚类分析

号、梁山大茶树1号和小帽山4号等7份种质聚为另一支，它们的共同特征：茸毛纹饰为平滑型，萼片内表皮形状不规则，萼片表面光滑；花瓣细胞形状为多边形，气孔外拱盖平滑。

## （三）讨论与结论

### 1. 讨论

**（1）茶树花器官微形态的质量性状与数量性状。** 长期以来，植物的形态性状在探究种间或属间分类等方面发挥着不可代替的作用，具有重要的研究意义。通过对实验数据整理分析，结果表明不同部位的形态性状往往存在可区别性，如花瓣与萼片在细胞形状、纹饰等均存在明显差异。不同种质的同一部位往往有不同的形态特征，如萼片的气孔器与表皮的关系有内陷、突出2种；子房存在被茸毛、未被茸毛2种。植物表皮毛的纹饰特征是研究植物的种间或属间关系，从而进行区别分类的重要途径之一。此外，本研究观测到花托、萼片、子房的茸毛纹饰均为平滑型，同时，也表明茶树花器官茸毛纹饰不因部位差异而具备特异性。气孔作为植物进行物质循环和能量供应的场所，在植物生命活动中发挥重要作用，它存在于植物的大多数部位。在茶树中，目前已有众多学者针对叶片气孔进行了各种相关研究，其中包括茶叶加工过程中的气孔变化、栽培环境对气孔的影响等。此外，样品中的萼片上存在较多气孔，花瓣、花丝、花托等样本存在少许气孔。生物性状通常受到基因和环境协同调控，如气孔的类型与物种的遗传物质密切相关，而气孔器的数量特征受众多生态因子调节。同时，本研究对30个样品所观察到的花萼气孔数量性状进行了变异系数分析，结果显示气孔数量性状在种质间或种质内都具有高度的变异，说明气孔数量性状受环境影响较大，不适合作为种质鉴定、种质区分的依据。对22个微形态特征（含6个气孔数量特征）和16个微形态特征（仅含质量特征）进行主坐标分析，结果与上述观点一致，茶树花器官的花瓣气孔外缘纹饰、花瓣气孔器与表皮关系、子房壁形状、花瓣细胞形状、花萼外表皮纹饰形状、花萼内表皮细胞起伏等质量性状在同一种质表现较稳定，对茶树品种的溯源、亲缘关系研究具有积极意义。

**（2）基于花器官微形态的秃房野生茶树群体亲缘关系分析。** 20世纪中期以来，福建省茶叶科技人员开展了野生茶种质调研与考察，在宁德市等多地发现野生茶树资源，此后，本研究团队陆续在福建多地发现苦茶野生资源，而秃房茶树（子房无茸毛）仅发现个别单株。据已有报道，茶组植物秃房茶主要分布在滇、黔、粤、桂、川。此外，广东凤凰水仙群体后代中也曾发现秃房单株。本实验的10份云霄秃房野生茶群体种质的30份样本在第1和第2主坐标排序中分为3个群体，第1群体包括小帽山1号、小帽山2号和小帽山3号；第2群体包括龙翔1号、小帽山4号、小帽山5号和小帽山7号；第3群体包括小帽山6号、梁山大茶树1号和龙翔2号。由图3-10和图3-11可知，聚类分析和主坐标分析都将10份种质划分成3个群体，但两种方法在种质间亲缘关系上的研究存在差异。主坐标分析显示，第1群体和第2群体亲缘关系更近，而聚类分析显示第2群体和第3群体亲缘关系更近，这说明第2群体亲缘关系更复杂。

### 2. 结论
通过比较10份云霄秃房野生茶树种质资源花器官样品的多个部位微形态的差异，筛选出茶树花器官的花瓣气孔外拱盖所披纹饰类型、花瓣气孔器与表皮关系、子房壁形状、花瓣细胞形状、花萼外表皮纹饰形状、花萼内表皮细胞起伏等质量性状即可作为秃房野生茶树鉴别的依据，也可作为探究福建云霄秃房野生茶树种质亲缘关系的佐证之一。

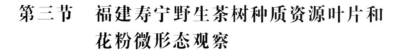

# 第三节　福建寿宁野生茶树种质资源叶片和
## 花粉微形态观察

福建省寿宁县位于福建省东北部，地处闽浙两省的交界，为中亚热带山地气候，气候温暖湿润，得天独厚的原生态环境适合茶树生长。寿宁县产茶历史悠久，茶树种质资源丰富。本研究以福鼎大白茶为对照，采用扫描电镜对 4 份寿宁野生茶树种质资源的叶片、花粉微形态进行观察，探明寿宁野生茶树种质资源叶片、花粉微形态特征，以期为福建茶树种质资源的分类鉴定提供参考依据。

## （一）材料与方法

1. **试验材料**　4 份野生茶树种质资源（地洋 1 号、地洋 2 号、芎坑 1 号、芎坑 2 号）均来自福建省寿宁县坑底乡，以福鼎大白茶为对照，样品采集时间为 2018 年 11 月。

2. **仪器与试剂**　见第一章第一节（一）材料与方法中的"2. 仪器设备"和"3. 实验方法"。

3. **样品前处理**　见第一章第二节和第二章第二节（一）材料与方法中的"3. 样品前处理"。

4. **观察与分析**　见第一章第二节和第二章第二节（一）材料与方法中的"4. 观察与分析"。

5. **统计与分析**　见第一章第二节和第二章第二节（一）材料与方法中的"5. 统计与分析"。

## （二）结果与分析

1. **寿宁野生茶树叶片微形态特征**　5 份茶树叶片背面均具表皮毛，4 份野生茶树茸毛纹饰都为平滑型，福鼎大白茶茸毛纹饰为长条纹型；气孔都为长卵形，具有异性气孔（腺鳞），叶表蜡质纹饰有波浪状、平展状和皱脊状 3 种类型（图 3 - 13）。

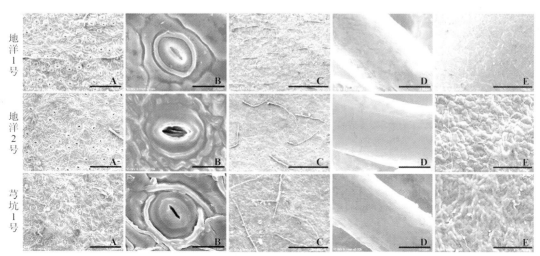

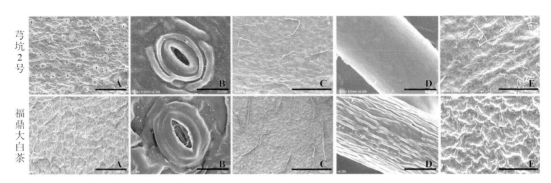

图 3-13 寿宁野生茶树叶片微形态电子显微图

注：A 为气孔整体观，标尺 200 $\mu m$；B 为气孔，标尺 20 $\mu m$；C 为茸毛整体观，标尺 500 $\mu m$；D 为茸毛，标尺 5 $\mu m$；E 为蜡质纹饰，标尺 100 $\mu m$。

由表 3-7 和表 3-8 可知，5 份茶树叶片内气孔长为 10.42～17.42 $\mu m$，其中芎坑 2 号和地洋 2 号的内气孔相对较长，且明显长于其他 3 份茶树，芎坑 1 号的内气孔长度相对最短。内气孔宽为 3.17～7.20 $\mu m$，地洋 2 号与芎坑 2 号的内气孔相对较宽，且明显宽于其他 3 份茶树，芎坑 1 号的内气孔相对最窄。外气孔长为 22.20～27.86 $\mu m$，地洋 2 号的外气孔相对最长，与福鼎大白茶、芎坑 2 号差异不明显，与其他 2 份茶树差异明显，芎坑 1 号的外气孔相对最短。外气孔宽为 16.42～20.94 $\mu m$，福鼎大白茶的外气孔相对最宽，明显宽于其他 4 份茶树，地洋 1 号的外气孔相对最窄。气孔开度为 0.32～0.47，福鼎大白茶的气孔开度相对最大，与地洋 2 号差异不明显，与其他 3 份野生茶树差异明显。气孔器大小为 394.07～577.79 $\mu m^2$，福鼎大白茶与地洋 2 号的气孔器相对较大，且明显大于其他 3 份野生茶树，芎坑 1 号的气孔器相对最小。气孔密度为 127.41～239.57 个/$mm^2$，福鼎大白茶和地洋 1 号的气孔密度相对较大，且明显大于其他 3 份野生茶树，地洋 2 号的气孔密度相对最小。茸毛长度为 280.75～616.95 $\mu m$，福鼎大白茶的茸毛相对最长，明显长于其他 4 份野生茶树，地洋 1 号的茸毛长度相对最短。茸毛粗度为 8.06～12.04 $\mu m$，芎坑 1 号的茸毛相对最粗，芎坑 2 号的茸毛相对最细。茸毛密度为 2.17～9.41 根/$mm^2$，地洋 1 号的茸毛密度相对最大，且明显大于其他 4 份茶树，芎坑 1 号的茸毛密度相对最小。

表 3-7 寿宁野生茶树叶片气孔微形态特征

| 种质 | 内气孔长（$\mu m$） | 内气孔宽（$\mu m$） | 外气孔长（$\mu m$） | 外气孔宽（$\mu m$） | 气孔开度 | 气孔器大小（$\mu m^2$） | 气孔密度（个/$mm^2$） |
|---|---|---|---|---|---|---|---|
| 地洋 1 号 | 13.88± 1.77b | 4.77± 1.44b | 24.46± 1.21b | 16.42± 1.22c | 0.34± 0.10b | 402.03± 41.27c | 229.09± 18.19a |
| 地洋 2 号 | 17.21± 2.17a | 7.20± 2.09a | 27.86± 2.20a | 18.92± 2.31b | 0.42± 0.13a | 530.41± 94.96ab | 127.41± 13.60b |
| 芎坑 1 号 | 10.42± 2.00c | 3.17± 0.80c | 22.20± 1.65c | 17.69± 1.63bc | 0.32± 0.14b | 394.07± 57.96c | 132.14± 20.93b |
| 芎坑 2 号 | 17.42± 1.31a | 6.11± 1.27ab | 26.26± 1.85ab | 18.34± 1.73b | 0.35± 0.06b | 481.87± 58.64b | 141.88± 14.55b |

（续）

| 种质 | 内气孔长（$\mu m$） | 内气孔宽（$\mu m$） | 外气孔长（$\mu m$） | 外气孔宽（$\mu m$） | 气孔开度 | 气孔器大小（$\mu m^2$） | 气孔密度（个/$mm^2$） |
|---|---|---|---|---|---|---|---|
| 福鼎大白茶（CK） | 13.38±4.51b | 5.31±3.06b | 27.56±3.67a | 20.94±2.31a | 0.47±0.41a | 577.79±105.90a | 239.57±28.31a |

注：同列数据后不同小写字母表示在0.05水平下差异显著。

表3-8　寿宁野生茶树叶片茸毛微形态特征

| 种质 | 茸毛长度（$\mu m$） | 茸毛粗度（$\mu m$） | 茸毛密度（根/$mm^2$） |
|---|---|---|---|
| 地洋1号 | 280.75±107.65c | 8.22±2.22ab | 9.41±2.87a |
| 地洋2号 | 327.47±139.86c | 9.18±1.96ab | 6.11±1.58b |
| 芎坑1号 | 519.30±203.63b | 12.04±3.38a | 2.17±1.13c |
| 芎坑2号 | 307.54±107.81c | 8.06±2.14b | 2.18±0.72c |
| 福鼎大白茶（CK） | 616.95±132.52a | 9.36±0.89ab | 6.67±1.27b |

注：同列数据后不同小写字母表示在0.05水平下差异显著。

　　从本研究对茶树叶片微形态的观察结果来看，4份寿宁野生茶树叶片气孔器大小均小于对照品种福鼎大白茶（福鼎大白茶与地洋2号之间没有显著差异），地洋1号与福鼎大白茶的气孔密度都较大；地洋2号、芎坑1号和芎坑2号的气孔密度明显较小。与福鼎大白茶相比，4份野生茶树叶片茸毛明显较短，茸毛粗度差异不大。地洋1号叶片茸毛密度相对最大，且明显大于福鼎大白茶和其他3份野生茶树。

　　从叶片纹饰方面来看，地洋1号的叶腹面纹饰是平展状，为一类；地洋2号和芎坑1号的叶腹面纹饰是皱脊状，为一类；芎坑2号和福鼎大白茶叶腹面纹饰是波浪状，为一类。在电镜观察中发现，4份野生茶树种质资源的叶背和叶腹面均有很多丝状体。

　　在对叶表皮的电镜观察中发现，4份野生茶树种质资源的大多数茸毛表层均有脱落的现象，且脱落的位置大多集中在茸毛的中下部（图3-14）。茸毛的形态特征变化与品种、抗性等有密切关系，同时根据实际情况推测可能与茶树的生长环境有关。

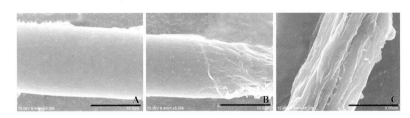

图3-14　寿宁野生茶树叶片茸毛表层微形态

　　注：A为脱落前的茸毛表层，标尺10 $\mu m$；B为茸毛表层脱落的分界处，标尺10 $\mu m$；C为脱落后的茸毛，标尺5 $\mu m$。

**2. 寿宁野生茶树花粉微形态特征**　参考王开发和王伏雄的方法，5份茶树的花粉均为单粒花粉，花粉均具三孔沟，孔沟均沿赤道方向120°均匀分布，为 $N_3P_4C_5$ 型（N为萌发孔的数目、P为萌发孔的位置、C为萌发孔的特征）花粉（图3-15）。按照王开发和王宪曾提出的花粉最长轴分类标准，5 份茶树花粉极轴长介于 $25\sim50\ \mu m$，属于中等长度花粉。5 份茶树花粉的极面观除地洋 1 号为近圆形，其他 4 份茶树均为三裂近三角形，赤道面观有超长球形、近扁球形、近长球形、长椭圆形 4 种。三孔沟花粉的形状包括近球形（$P/E$ 为 $0.75\sim1.33$）、长球形（$P/E$ 为 $1.34\sim2.00$）及超长球形（$P/E$ 大于 2）。地洋 1 号的 $P/E$（2.04）最大，花粉形状为超长球形，其他 4 份茶树花粉的 $P/E$ 为 $0.75\sim1.33$，花粉形状为近球形。

地洋 1 号花粉外壁纹饰为微小疣状无穿孔，地洋 2 号为光滑疣状并有较多穿孔，芎坑 1 号和芎坑 2 号都为粗糙疣状并有少量穿孔，福鼎大白茶为光滑疣状无穿孔。5 份茶树花粉萌发沟内均具有块状或颗粒状纹饰。

由表 3-9 可知，5 份野生茶树种质资源的花粉极轴长（$P$）为 $27.60\sim35.68\ \mu m$，其中福鼎大白茶花粉极轴相对最长，与地洋 2 号差异不明显，但显著长于其他 3 份野生茶树。赤道轴长（$E$）为 $14.74\sim33.81\ \mu m$，福鼎大白茶花粉赤道轴相对最长，与地洋 2 号差异不明显，但显著长于其他 3 份野生茶树。萌发沟长（$L$）为 $19.81\sim25.94\ \mu m$，其中地洋 2 号花粉萌发沟最长，与芎坑 1 号差异不明显，显著长于其他 3 份茶树。花粉大小（$P\times E$）为 $427.69\sim1\ 205.07\ \mu m^2$，福鼎大白茶的花粉最大，与地洋 2 号差异不明显，但显著大于其他 3 份野生茶树。花粉形状（$P/E$）为 $0.94\sim2.04$，地洋 1 号的极轴长/赤道轴长（$P/E$）较大，其他几种 $P/E$ 较小且之间无明显差异。沟极比（$L/P$）为 $0.54\sim0.93$，其中芎坑 1 号的沟极比（$L/P$）相对最大，福鼎大白茶沟极比（$L/P$）相对最小。

表 3-9　寿宁野生茶树花粉形态性状指标

| 种质 | 极轴长（$P$）（$\mu m$） | 赤道轴长（$E$）（$\mu m$） | 萌发沟长（$L$）（$\mu m$） | 花粉大小（$P\times E$）（$\mu m^2$） | 花粉形状（$P/E$） | 萌发沟长/极轴长（$L/P$） | 极面观 | 赤道面观 | 外壁纹饰 |
| --- | --- | --- | --- | --- | --- | --- | --- | --- | --- |
| 地洋 1 号 | 28.55±3.32b | 14.74±4.10c | 23.23±3.34b | 427.69±153.94c | 2.04±0.49a | 0.83±0.15ab | 近圆形 | 超长球形 | 疣状无穿孔 |
| 地洋 2 号 | 31.68±2.08ab | 33.06±2.80ab | 25.94±2.22a | 1 064.73±143.03ab | 0.95±0.10b | 0.82±0.06ab | 三裂近三角形 | 近扁球形 | 疣状多穿孔 |
| 芎坑 1 号 | 27.60±4.39b | 28.92±3.12b | 24.77±3.14ab | 814.70±168.30b | 0.94±0.15b | 0.93±0.19a | 三裂近三角形 | 近长球形 | 疣状少量穿孔 |
| 芎坑 2 号 | 30.93±4.20b | 31.06±3.22b | 21.97±4.72bc | 931.12±145.89b | 0.98±0.18b | 0.74±0.18b | 三裂近三角形 | 近长球形 | 疣状少量穿孔 |
| 福鼎大白茶（CK） | 35.68±7.29a | 33.81±2.01a | 19.81±3.35c | 1 205.07±237.80a | 1.06±0.24b | 0.54±0.16c | 三裂近三角形 | 长椭圆形 | 疣状无穿孔 |

注：同列数据后不同小写字母表示在 0.05 水平下差异显著。

从本研究对花粉的观察结果来看，5 份野生茶树种质资源的花粉都为中等大小花粉。其中地洋 1 号的极轴长明显大于赤道轴长，且极轴长大约为赤道轴长的 2 倍，其余 4 份则是赤道轴长大于极轴长，且两者之间相差不大。地洋 1 号花粉形状与其他 3 份野生茶树花粉形状差异较大，地洋 1 号的花粉为超长球形，其他 3 份均为近球形。

从极面观和外壁纹饰来看，地洋 2 号、芎坑 1 号、芎坑 2 号与福鼎大白茶的花粉极面观相似，都为三裂近三角形，地洋 1 号花粉极面观为近圆形，与其余 4 份茶树花粉极面观差异较大；5 份茶树花粉外壁纹饰都为疣状，其中地洋 1 号与福鼎大白茶花粉外壁纹饰均无穿孔，地洋 2 号、笠坑 1 号、和笠坑 2 号都有穿孔。

从花粉大小来看，地洋 1 号、笠坑 1 号和笠坑 2 号的花粉均小于福鼎大白茶，但地洋 2 号与其无显著差别。其中，地洋 1 号的花粉最小，福鼎大白茶花粉大小约为地洋 1 号花粉大小的 3.5 倍。

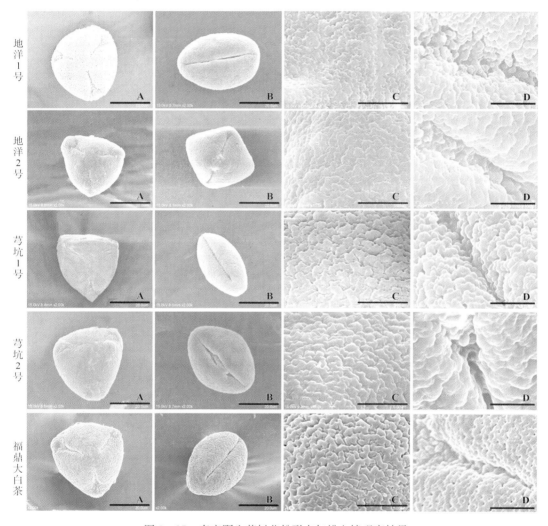

图 3-15　寿宁野生茶树花粉形态扫描电镜观察结果

注：A 为极面观，标尺 20 μm；B 为赤道面观，标尺 20 μm；C 为外壁纹饰，标尺 5 μm；D 为萌发沟，标尺 3 μm。

## （三）讨论与结论

叶片微形态的差异一方面是植物本身独有的特征体现，另一方面也是环境对其作用的体现。在本研究中，5 份茶树种质资源的叶表蜡质纹饰有波浪状、平展状和皱脊状 3 种类型，表明了茶树叶片蜡质纹饰的多样性。4 份寿宁野生茶树叶片背面均有圆形细长或短粗状的表皮毛，呈不规则分布，气孔器都为长卵形；茸毛长度、茸毛密度、气孔器大小、气孔密度等特征性状指标在不同品种间有一定差异性。这表明茶树叶片茸毛、气孔、蜡质纹饰等可作为茶树分类及鉴别的重要形态性状。研究发现 4 份寿宁野生茶树的叶片茸毛长度均显著小于栽培种福鼎大白茶，且 4 份野生茶树的大多数茸毛表层均有脱落现象。

本研究涉及的 4 份寿宁野生茶树种质的叶片上表皮纹饰有平展型、皱脊型、波浪型 3 种；叶片下表皮气孔皆为长卵形，具异性气孔（腺鳞）且气孔密度相对栽培种较小；茸毛长度为 280.75～519.30 μm，且不同种长度差异明显，茸毛纹饰皆为平滑型；不同于栽培种，野生茶树种质资源叶片茸毛表层均有脱落现象。4 份野生茶树花粉均具三孔沟，属 $N_3P_4C_5$ 类型，其花粉大小为 427.69～1 064.73 μm²，皆小于福鼎大白茶；花粉极面观有近圆形和三裂近三角形 2 种，赤道面观各不相同，花粉形状有超长球形和近球形 2 种，花粉纹饰均为疣状。

## ◆ 本章研究成果引自下述文献

樊晓静，2021. 闽东茶树种质资源 SNP 多样性分析及微形态特征研究［D］. 福州：福建农林大学．（导师：叶乃兴，于文涛）

樊晓静，于文涛\*，刘登勇，卢明基，郑洁，陈晓岚，魏明秀，林浥，叶乃兴\*，2019. 福建寿宁野生茶树种质资源叶片和花粉微形态观察［J］. 福建农业学报，34（3）：298－305.

王攀，于文涛\*，蔡春平，刘财国，王泽涵，叶乃兴\*，2023. 福建云霄秃房野生茶树群体花器官微形态特征研究［J］. 江苏农业科学，51（5）：155－162.

王泽涵，2022. 闽粤相邻地区茶树种质资源遗传多样性及秃房野生茶花器官研究［D］. 福州：福建农林大学．（导师：叶乃兴，于文涛）

王泽涵，于文涛\*，樊晓静，方德音，蔡捷英，王元勋，叶乃兴\*，2020. 福建秃房野生茶种质资源新纪录及其子房微形态观察［J］. 福建农业学报，35（8）：830－836.

王泽涵，于文涛\*，方德音，蔡捷英，王金焕，樊晓静，刘财国，徐飙，叶乃兴\*，2021. 基于 EST－SNP 的福建云霄茶树种质资源遗传多样性分析［J］. 福建农业学报，36（12）：1431－1438.

陈潇敏，赵峰，金珊，吴文晞，王鹏杰，叶乃兴\*，2022. 福建云霄地方茶树品种资源生化成分特征分析与评价［J］. 西北植物学报，42（1）：127－137.

注：＊为通讯作者。

# 第四章

# 茶树品种资源花粉和叶片微型态图谱

## 第一节　全国优良茶树品种花粉叶片微形态图谱

### 福 鼎 大 白 茶
### *C. sinensis* 'Fuding Dabaicha'

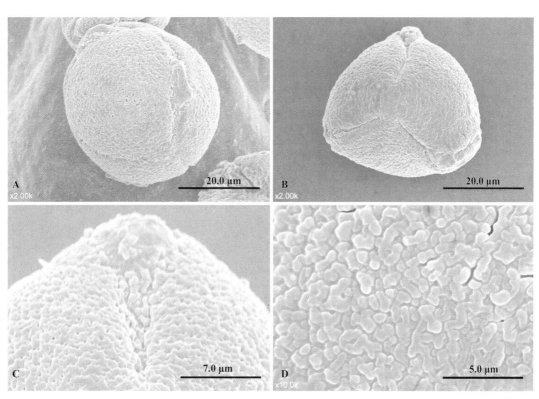

福鼎大白茶花粉微形态扫描电镜图

A. 赤道面观　B. 极面观　C. 萌发沟　D. 外壁纹饰

　　**花粉形态特征：** 花粉为中等花粉，极面观为近三角形，赤道面观为近圆形，萌发沟为拟三孔沟，外壁纹饰为粗糙疣状纹饰。

　　**花粉数据性状：** 极轴长为（37.36±2.28）μm，赤道轴长为（35.56±3.22）μm，花粉大小为（1 324.36±156.27）μm²，花粉形状指数为 1.05±0.10，萌发沟长为（25.58±6.37）μm，沟极比为 0.69±0.12。

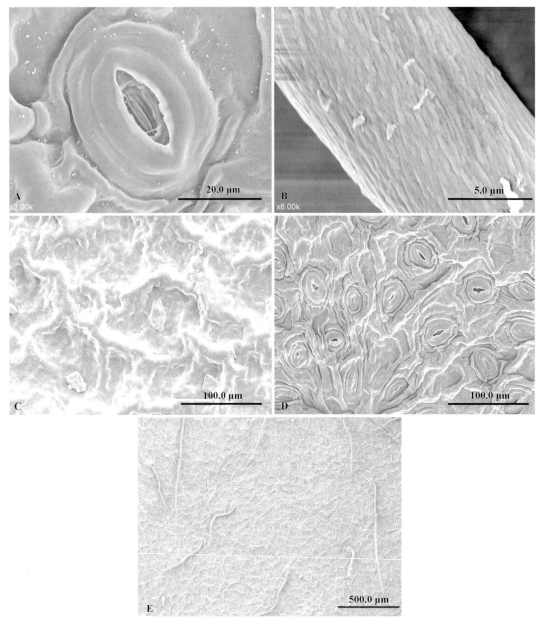

福鼎大白茶叶片微形态扫描电镜图
A. 气孔　B. 茸毛　C. 纹饰　D. 气孔整体观　E. 纹饰整体观

**叶片蜡质纹饰：**蜡质纹饰为波浪状。

**叶片茸毛性状：**茸毛长度为（447.52±20.51）μm，茸毛直径为（10.52±0.84）μm，茸毛纹饰为长条纹形。

**叶片气孔性状：**气孔为长卵形，气孔器大小为（663.95±4.67）μm²，气孔密度为（227.42±7.15）个/mm²，气孔开度为0.37±0.07，内气孔长为（16.93±3.13）μm，内气孔宽为（6.26±1.28）μm，外气孔长为（29.73±2.99）μm，外气孔宽为（22.33±1.56）μm。

# 福 鼎 大 毫 茶
## *C. sinensis* 'Fuding Dahaocha'

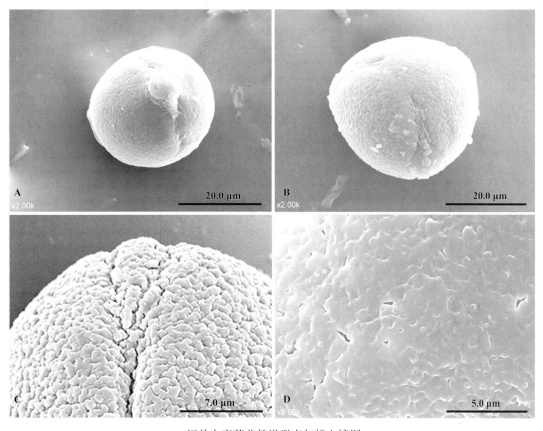

福鼎大毫茶花粉微形态扫描电镜图

A. 赤道面观　B. 极面观　C. 萌发沟　D. 外壁纹饰

　　**花粉形态特征**：花粉为中等花粉，极面观为近圆形，赤道面观为近圆形，萌发沟为三孔沟，外壁纹饰为拟网状纹饰。

　　**花粉数据性状**：极轴长为（31.56±3.35）μm，赤道轴长为（33.44±4.19）μm，花粉大小为（1 067.50±230.26）μm²，花粉形状指数为 0.95±0.06，萌发沟长为（32.00±5.67）μm，沟极比为 0.74±0.10。

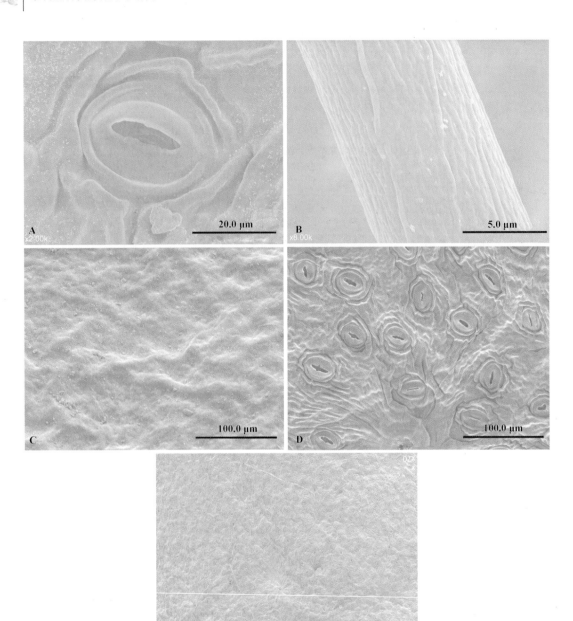

福鼎大毫茶叶片微形态扫描电镜图

A. 气孔　B. 茸毛　C. 纹饰　D. 气孔整体观　E. 茸毛整体观

**叶片蜡质纹饰**：蜡质纹饰为平展状。

**叶片茸毛性状**：茸毛长度为（809.28±73.47）$\mu$m，茸毛直径为（8.49±1.17）$\mu$m，茸毛纹饰为长条纹形。

**叶片气孔性状**：气孔为长卵形，气孔器大小为（510.21±5.34）$\mu$m²，气孔密度为（196.24±19.03）个/mm²，气孔开度为0.28±0.06，内气孔长为（18.78±1.99）$\mu$m，内气孔宽为（5.26±1.42）$\mu$m，外气孔长为（29.16±3.41）$\mu$m，外气孔宽为（17.50±1.56）$\mu$m。

# 福 安 大 白 茶
## *C. sinensis* 'Fuan Dabaicha'

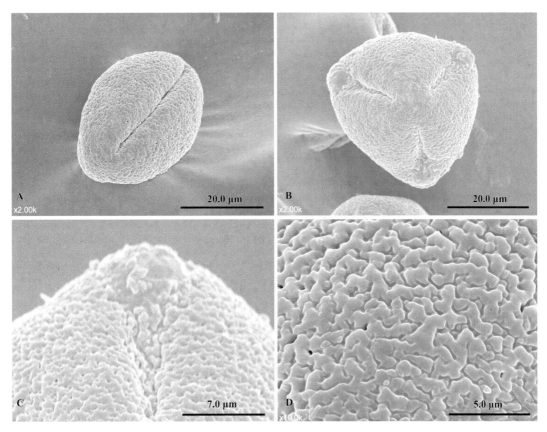

福安大白茶花粉微形态扫描电镜图
A. 赤道面观 B. 极面观 C. 萌发沟 D. 外壁纹饰

**花粉形态特征：**花粉为中等花粉，极面观为近三角形，赤道面观为长椭圆形，萌发沟为拟三孔沟，外壁纹饰为光滑疣状纹饰。

**花粉数据性状：**极轴长为（37.86±3.62）μm，赤道轴长为（30.48±2.95）μm，花粉大小为（1 155.01±130.06）μm²，花粉形状指数为1.26±0.18，萌发沟长为（28.62±5.69）μm，沟极比为0.75±0.13。

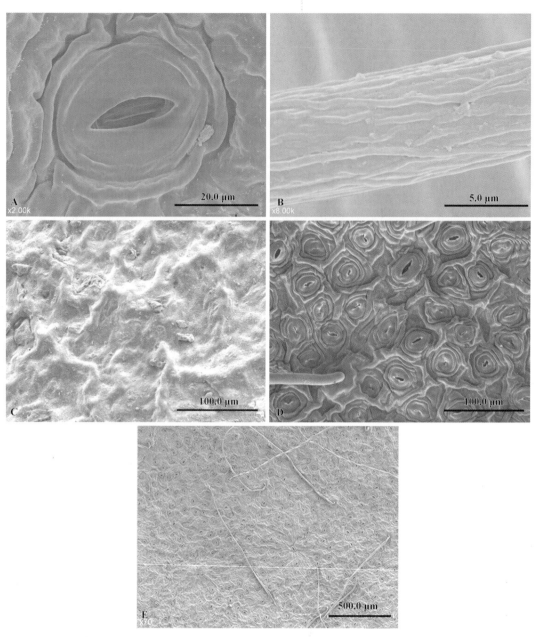

福安大白茶叶片微形态扫描电镜图

A. 气孔　B. 茸毛　C. 纹饰　D. 气孔整体观　E. 茸毛整体观

**叶片蜡质纹饰：**蜡质纹饰为波浪状。

**叶片茸毛性状：**茸毛长度为（602.27±54.68）μm，茸毛直径为（9.66±1.42）μm，茸毛纹饰为短棒形。

**叶片气孔性状：**气孔为长卵形，气孔器大小为（701.24±2.83）μm²，气孔密度为（168.82±17.04）个/mm²，气孔开度为 0.28±0.03，内气孔长为（21.91±1.42）μm，内气孔宽为（6.26±0.43）μm，外气孔长为（32.43±1.42）μm，外气孔宽为（21.62±1.99）μm。

# 政 和 大 白 茶
## *C. sinensis* 'Zhenghe Dabaicha'

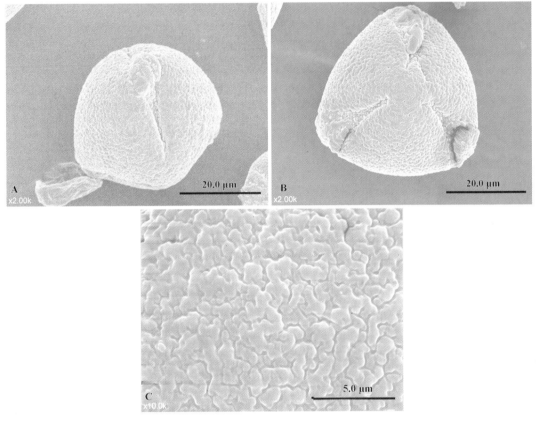

政和大白茶花粉微形态扫描电镜图

A. 赤道面观　B. 极面观　C. 外壁纹饰

　　**花粉形态特征：**花粉为中等花粉，极面观为近三角形，赤道面观为近圆形，萌发沟为拟三孔沟，外壁纹饰为光滑疣状纹饰。

　　**花粉数据性状：**极轴长为（35.04±2.90）μm，赤道轴长为（33.32±3.01）μm，花粉大小为（1 164.51±109.53）μm²，花粉形状指数为 1.06±0.15，萌发沟长为（22.39±7.66）μm，沟极比为 0.67±0.15。

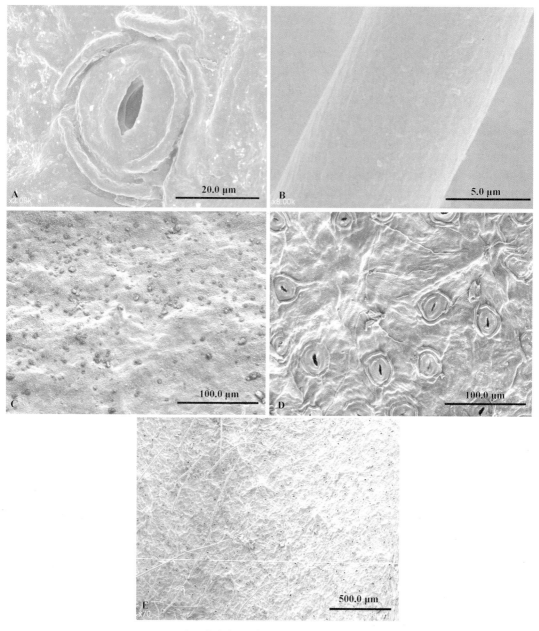

政和大白茶叶片微形态扫描电镜图

A. 气孔　B. 茸毛　C. 纹饰　D. 气孔整体观　E. 茸毛整体观

**叶片蜡质纹饰**：蜡质纹饰为平展状。

**叶片茸毛性状**：茸毛长度为（514.24±70.26）μm，茸毛直径为（9.85±1.49）μm，茸毛纹饰为短棒形。

**叶片气孔性状**：气孔为长卵形，气孔器大小为（437.57±0.91）μm²，气孔密度为（208.06±10.98）个/mm²，气孔开度为0.32±0.04，内气孔长为（15.08±1.00）μm，内气孔宽为（4.84±0.71）μm，外气孔长为（24.61±0.71）μm，外气孔宽为（17.78±1.28）μm。

# 福 建 水 仙
## *C. sinensis* 'Fujian Shuixian'

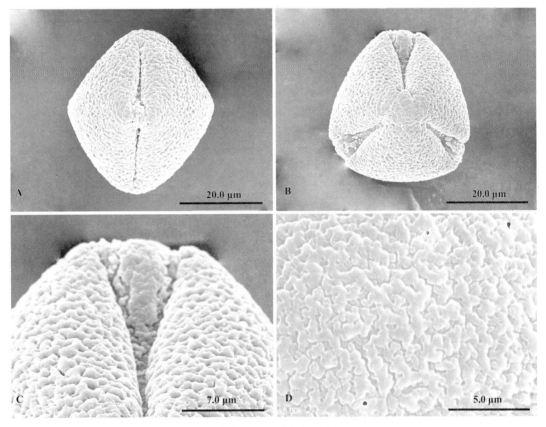

福建水仙花粉微形态扫描电镜图
A. 赤道面观  B. 极面观  C. 萌发沟  D. 外壁纹饰

**花粉形态特征：**花粉为中等花粉，极面观为三裂近三角，赤道面观为长球形，萌发沟为三孔沟，外壁纹饰为疣状纹饰。

**花粉数据性状：**极轴长为（41.88±1.44）$\mu$m，赤道轴长为（34.37±1.27）$\mu$m，花粉大小为（1 439.54±100.34）$\mu$m²，花粉形状指数为 1.22，萌发沟长为（35.49±1.77）$\mu$m，沟极比为 0.76。

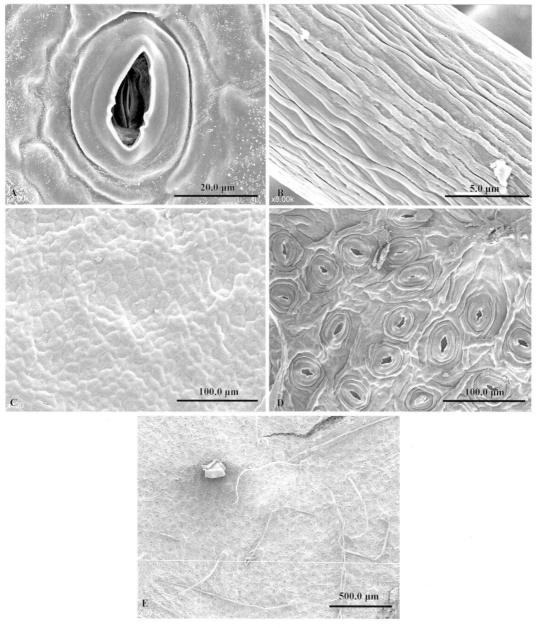

福建水仙叶片微形态扫描电镜图
A. 气孔  B. 茸毛  C. 纹饰  D. 气孔整体观  E. 茸毛整体观

**叶片蜡质纹饰：**蜡质纹饰为平展状。

**叶片茸毛性状：**茸毛长度为（820.64±40.53）μm，茸毛直径为（9.96±0.94）μm，茸毛纹饰为长条状。

**叶片气孔性状：**气孔为长卵形，气孔器大小为（480.29±35.72）μm²，气孔密度为（238.39±28.53）个/mm²，气孔开度为0.33±0.03，内气孔长为（13.95±2.56）μm，内气孔宽为（4.67±0.04）μm，外气孔长为（28.75±1.78）μm，外气孔宽为（16.70±0.33）μm。

# 铁 观 音
## *C. sinensis* 'Tieguanyin'

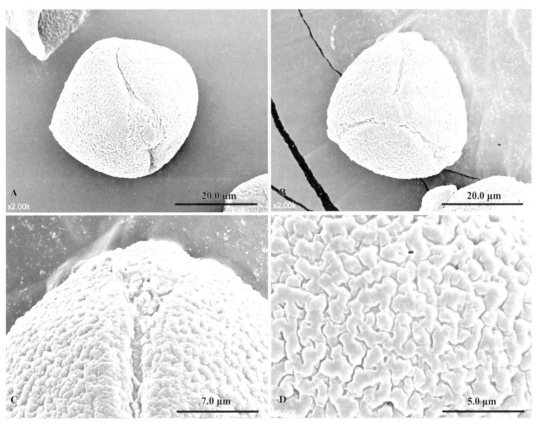

铁观音花粉微形态扫描电镜图
A. 赤道面观  B. 极面观  C. 萌发沟  D. 外壁纹饰

　　**花粉形态特征**：花粉为中等花粉，极面观为三裂近圆形，赤道面观为近球形，萌发沟为三孔沟，外壁纹饰为疣状纹饰。

　　**花粉数据性状**：极轴长为（32.68±2.10）$\mu$m，赤道轴长为（37.34±3.68）$\mu$m，花粉大小为（1 214.88±75.12）$\mu$m$^2$，花粉形状指数为 0.89，萌发沟长为（27.77±1.76）$\mu$m，沟极比为 0.86。

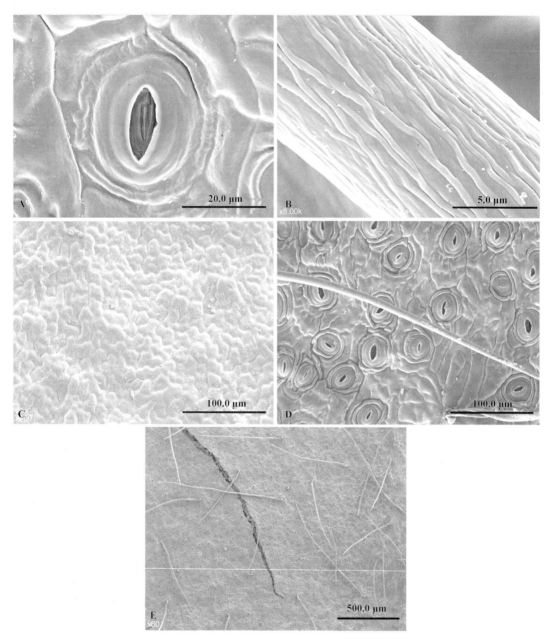

铁观音叶片微形态扫描电镜图

A. 气孔　B. 茸毛　C. 纹饰　D. 气孔整体观　E. 茸毛整体观

**叶片蜡质纹饰：**蜡质纹饰为平展状。

**叶片茸毛性状：**茸毛长度为（655.42±23.08）$\mu m$，茸毛直径为（9.77±1.51）$\mu m$，茸毛纹饰为长条状。

**叶片气孔性状：**气孔为长卵形，气孔器大小为（315.05±46.12）$\mu m^2$，气孔密度为（288.79±28.67）个/$mm^2$，气孔开度为0.37±0.04，内气孔长为（11.49±1.18）$\mu m$，内气孔宽为（4.20±0.11）$\mu m$，外气孔长为（22.13±0.98）$\mu m$，外气孔宽为（14.23±1.62）$\mu m$。

# 黄　棪
## *C. sinensis* '**Huangdan**'

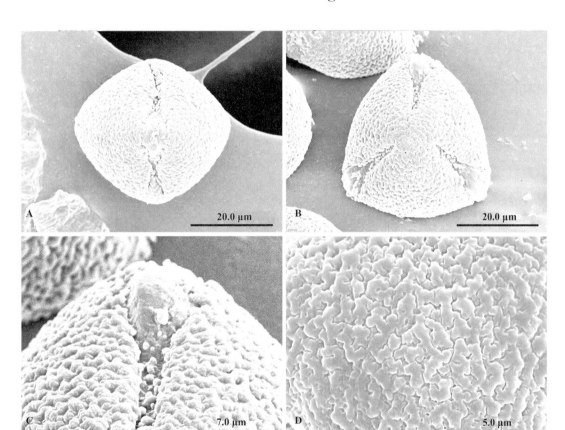

黄棪花粉微形态扫描电镜图

A. 赤道面观　B. 极面观　C. 萌发沟　D. 外壁纹饰

　　**花粉形态特征：**花粉为中等花粉，极面观为三裂近三角，赤道面观为近球形，萌发沟为三孔沟，外壁纹饰为脑纹状纹饰。

　　**花粉数据性状：**极轴长为（35.60±2.00）μm，赤道轴长为（36.25±2.12）μm，花粉大小为（1 287.08±79.45）μm²，花粉形状指数为0.99，萌发沟长为（29.96±1.92）μm，沟极比为0.85。

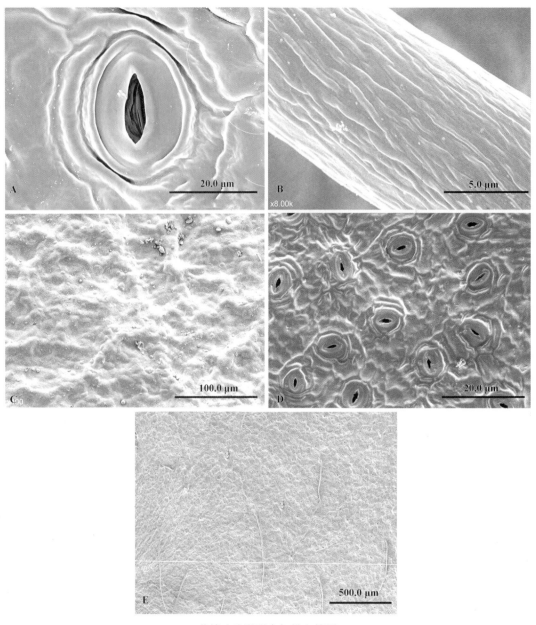

黄棪叶片微形态扫描电镜图

A. 气孔　B. 茸毛　C. 纹饰　D. 气孔整体观　E. 茸毛整体观

**叶片蜡质纹饰：**蜡质纹饰为波浪状。

**叶片茸毛性状：**茸毛长度为（528.30±13.11）$\mu m$，茸毛直径为（7.50±0.24）$\mu m$，茸毛纹饰为短棒状。

**叶片气孔性状：**气孔为长卵形，气孔器大小为（419.96±51.67）$\mu m^2$，气孔密度为（183.42±13.16）个/$mm^2$，气孔开度为0.33±0.03，内气孔长为（13.20±2.50）$\mu m$，内气孔宽为（4.34±0.14）$\mu m$，外气孔长为（23.35±1.61）$\mu m$，外气孔宽为（17.99±1.43）$\mu m$。

# 梅　占
## *C. sinensis* '**Meizhan**'

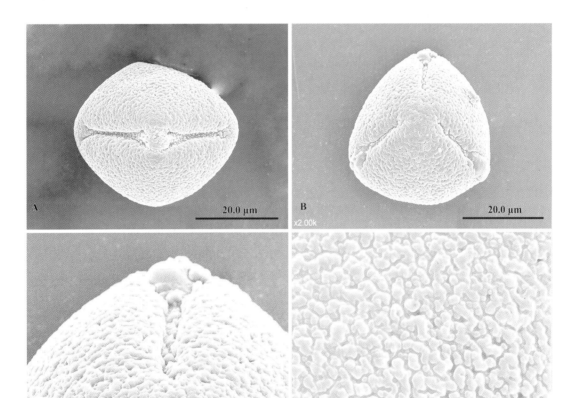

梅占花粉微形态扫描电镜图
A. 赤道面观　B. 极面观　C. 萌发沟　D. 外壁纹饰

**花粉形态特征：**花粉为中等花粉，极面观为三裂近三角，赤道面观为扁球形，萌发沟为三孔沟，外壁纹饰为脑纹状纹饰。

**花粉数据性状：**极轴长为（33.78±1.18）μm，赤道轴长为（39.22±1.59）μm，花粉大小为（1 326.15±128.34）μm²，花粉形状指数为 0.86，萌发沟长为（32.45±1.93）μm，沟极比为 0.75。

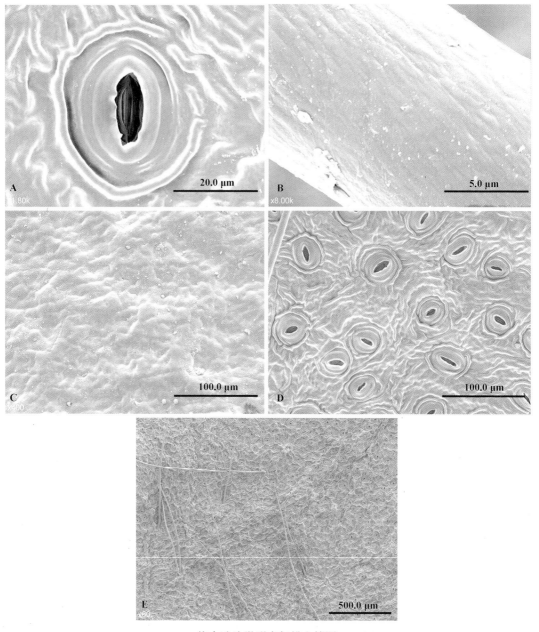

梅占叶片微形态扫描电镜图

A. 气孔　B. 茸毛　C. 纹饰　D. 气孔整体观　E. 茸毛整体观

**叶片蜡质纹饰：**蜡质纹饰为平展状。

**叶片茸毛性状：**茸毛长度为（854.58±68.24）μm，茸毛直径为（13.69±1.19）μm，茸毛纹饰为平滑状。

**叶片气孔性状：**气孔为长卵形，气孔器大小为（392.60±41.37）μm²，气孔密度为（209.54±33.12）个/mm²，气孔开度为0.34±0.03，内气孔长为（15.02±3.08）μm，内气孔宽为（5.05±0.69）μm，外气孔长为（24.13±1.58）μm，外气孔宽为（16.27±1.75）μm。

# 本　山
## *C. sinensis* 'Benshan'

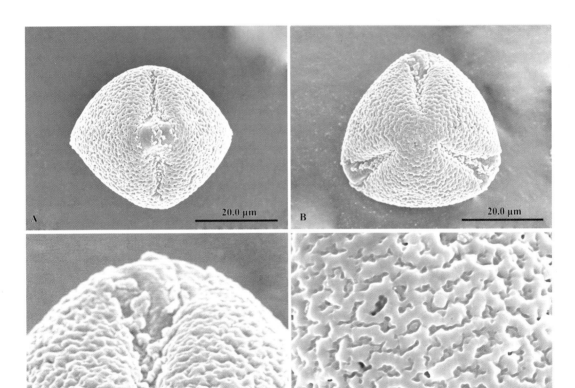

本山花粉微形态扫描电镜图
A. 赤道面观　B. 极面观　C. 萌发沟　D. 外壁纹饰

　　**花粉形态特征：**花粉为中等花粉，极面观为三裂近三角，赤道面观为扁球形，萌发沟为三孔沟，外壁纹饰为脑纹状纹饰。

　　**花粉数据性状：**极轴长为（33.78±1.18）μm，赤道轴长为（39.22±1.59）μm，花粉大小为（1 326.15±128.34）μm²，花粉形状指数为 0.86，萌发沟长为（32.45±1.93）μm，沟极比为 0.75。

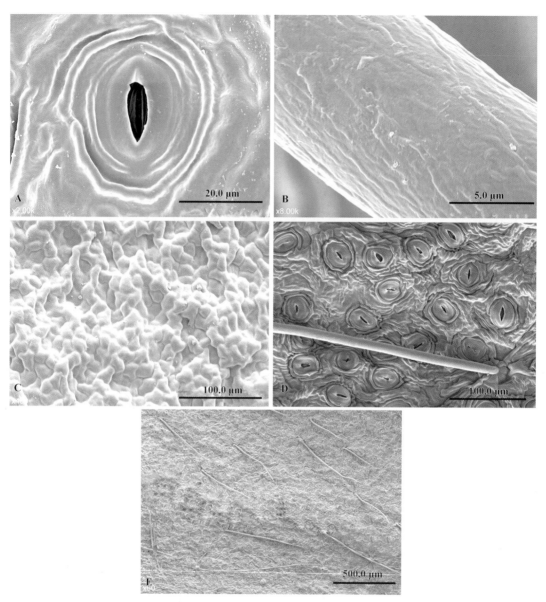

本山叶片微形态扫描电镜图

A. 气孔　B. 茸毛　C. 纹饰　D. 气孔整体观　E. 茸毛整体观

**叶片蜡质纹饰：**蜡质纹饰为平展状。

**叶片茸毛性状：**茸毛长度为（534.68±13.04）μm，茸毛直径为（10.55±0.76）μm，茸毛密度为（4.47±0.46）根/mm²。茸毛纹饰为平滑状。

**叶片气孔性状：**气孔为长卵形，气孔器大小为（390.06±34.81）μm²，内气孔长为（12.84±2.71）μm，内气孔宽为（4.09±0.22）μm，外气孔长为（23.99±1.58）μm，外气孔宽为（16.26±2.61）μm。

# 八　仙　茶
## *C. sinensis* '**Baxiancha**'

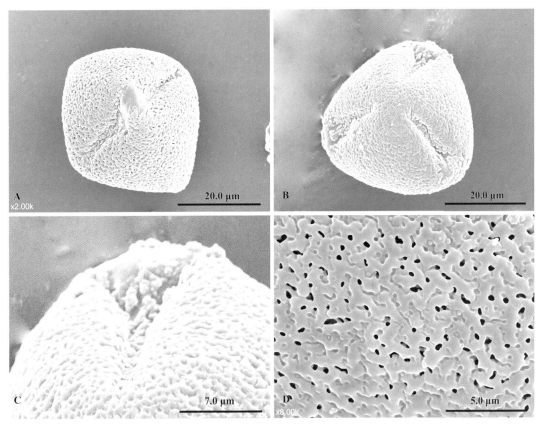

八仙茶花粉微形态扫描电镜图
A. 赤道面观　B. 极面观　C. 萌发沟　D. 外壁纹饰

　　**花粉形态特征**：花粉为中等花粉，极面观为三裂近三角，赤道面观为近球形，萌发沟为三孔沟，外壁纹饰为脑纹状纹饰。

　　**花粉数据性状**：极轴长为（33.89±1.31）μm，赤道轴长为（37.27±2.35）μm，花粉大小为（1 261.58±120.14）μm²，花粉形状指数为 0.91，萌发沟长为（28.39±2.13）μm，沟极比为 0.70。

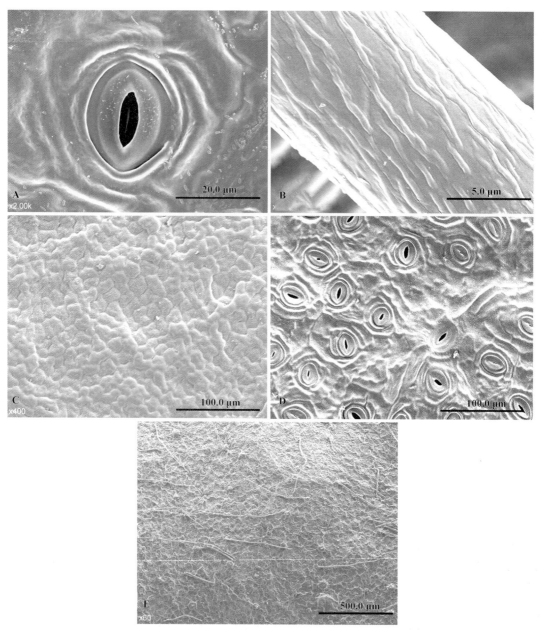

八仙茶叶片微形态扫描电镜图

A. 气孔　B. 茸毛　C. 纹饰　D. 气孔整体观　E. 茸毛整体观

**叶片蜡质纹饰：**蜡质纹饰为平展状。

**叶片茸毛性状：**茸毛长度为（634.36±19.30）$\mu$m，茸毛直径为（10.39±1.23）$\mu$m，茸毛纹饰为短棒状。

**叶片气孔性状：**气孔为长卵形，气孔器大小为（296.39±33.50）$\mu$m$^2$，气孔密度为（266.15±21.40）个/mm$^2$，气孔开度为0.30±0.02，内气孔长为（11.37±2.90）$\mu$m，内气孔宽为（3.36±0.15）$\mu$m，外气孔长为（21.32±1.60）$\mu$m，外气孔宽为（13.90±2.41）$\mu$m。

# 金 观 音
## *C. sinensis* 'Jinguanyin'

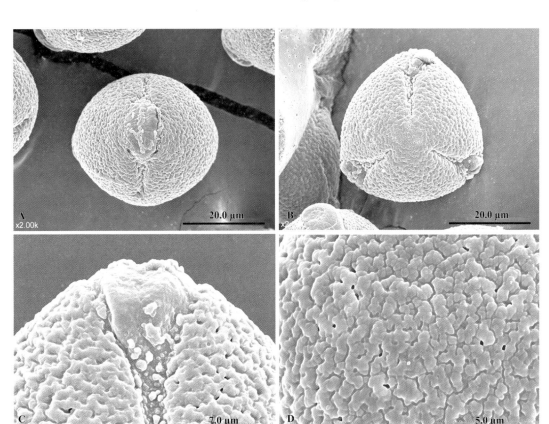

金观音花粉微形态扫描电镜图
A. 赤道面观  B. 极面观  C. 萌发沟  D. 外壁纹饰

**花粉形态特征：** 花粉为中等花粉，极面观为三裂近圆形，赤道面观为近球形，萌发沟为三孔沟，外壁纹饰为疣状纹饰。

**花粉数据性状：** 极轴长为（33.12±1.73）μm，赤道轴长为（33.60±1.01）μm，花粉大小为（1 112.68±62.31）μm²，花粉形状指数为 0.99±0.06，萌发沟长为（28.92±1.40）μm，沟极比为 0.87±0.06。

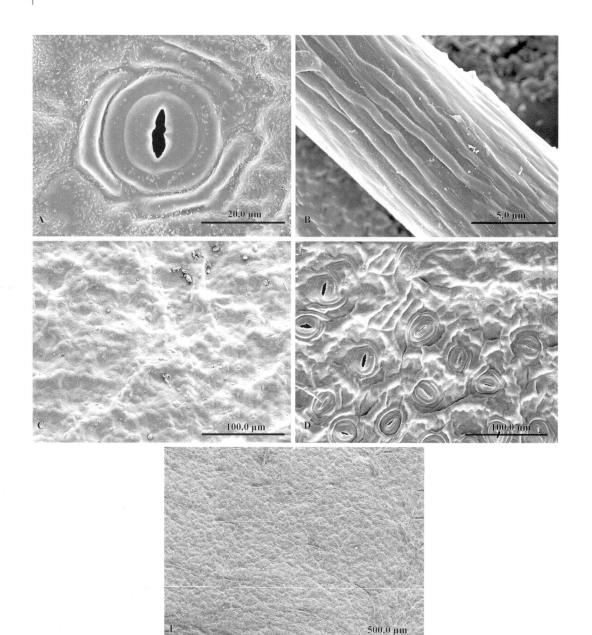

金观音叶片微形态扫描电镜图

A. 气孔　B. 茸毛　C. 纹饰　D. 气孔整体观　E. 茸毛整体观

**叶片蜡质纹饰:** 蜡质纹饰为平展状。

**叶片茸毛性状:** 茸毛长度为 (526.88±12.20) $\mu$m, 茸毛直径为 (9.38±0.22) $\mu$m, 茸毛纹饰为长条状。

**叶片气孔性状:** 气孔为长卵形, 气孔器大小为 (391.82±33.08) $\mu$m$^2$, 气孔密度为 (186.46±31.21) 个/mm$^2$, 气孔开度为 0.30±0.07, 内气孔长为 (13.19±2.19) $\mu$m, 内气孔宽为 (3.78±0.38) $\mu$m, 外气孔长为 (21.84±1.58) $\mu$m, 外气孔宽为 (17.94±0.90) $\mu$m。

# 黄 观 音
## *C. sinensis* 'Huangguanyin'

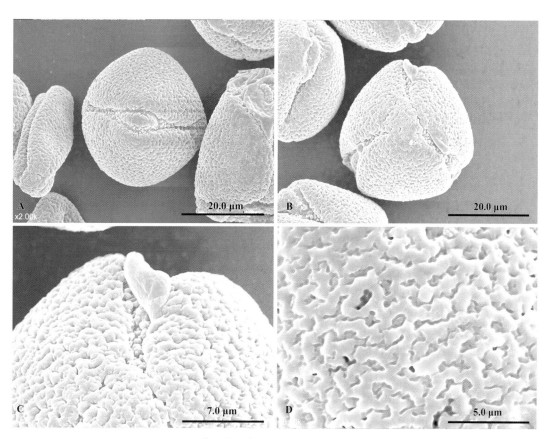

黄观音花粉微形态扫描电镜图

A. 赤道面观　B. 极面观　C. 萌发沟　D. 外壁纹饰

**花粉形态特征：**花粉为中等花粉，极面观为三裂近三角，赤道面观为近球形，萌发沟为三孔沟，外壁纹饰为疣状纹饰。

**花粉数据性状：**极轴长为（31.23±1.34）μm，赤道轴长为（33.65±1.53）μm，花粉大小为（1 051.09±73.95）μm²，花粉形状指数为0.93±0.06，萌发沟长为（29.51±1.14）μm，沟极比为0.94±0.06。

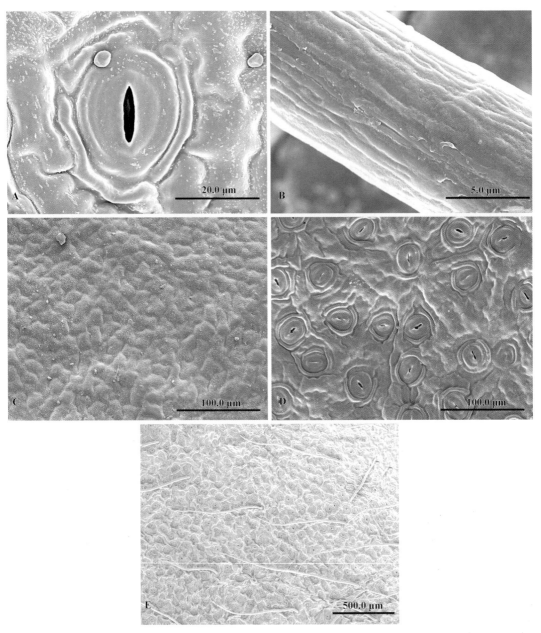

黄观音叶片微形态扫描电镜图

A. 气孔　B. 茸毛　C. 纹饰　D. 气孔整体观　E. 茸毛整体观

**叶片蜡质纹饰**：蜡质纹饰为平展状。

**叶片茸毛性状**：茸毛长度为（643.07±15.41）μm，茸毛直径为（9.21±0.39）μm，茸毛纹饰为长条状。

**叶片气孔性状**：气孔为长卵形，气孔器大小为（274.92±29.54）μm²，气孔密度为（190.00±11.69）个/mm²，气孔开度为0.27±0.01，内气孔长为（14.74±0.13）μm，内气孔宽为（3.90±0.20）μm，外气孔长为（20.00±1.40）μm，外气孔宽为（13.78±1.56）μm。

# 金 牡 丹
## *C. sinensis* 'Jinmudan'

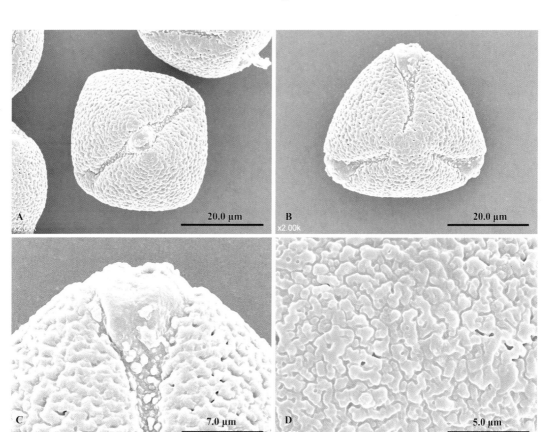

金牡丹花粉微形态扫描电镜图

A. 赤道面观  B. 极面观  C. 萌发沟  D. 外壁纹饰

**花粉形态特征**：花粉为中等花粉，极面观为三裂近三角，赤道面观为近球形，萌发沟为三孔沟，外壁纹饰为疣状纹饰。

**花粉数据性状**：极轴长为（31.02±1.31）$\mu m$，赤道轴长为（31.87±1.47）$\mu m$，花粉大小为（988.72±65.45）$\mu m^2$，花粉形状指数为 0.97±0.06，萌发沟长为（29.6±1.33）$\mu m$，沟极比为 0.96±0.06。

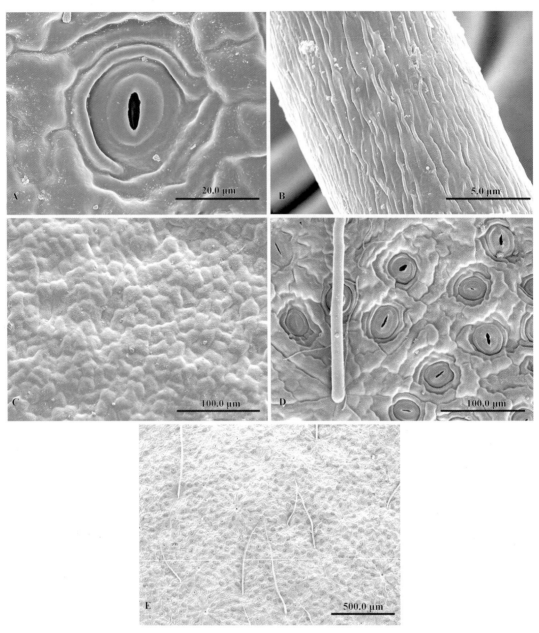

金牡丹叶片微形态扫描电镜图

A. 气孔　B. 茸毛　C. 纹饰　D. 气孔整体观　E. 茸毛整体观

**叶片蜡质纹饰**：蜡纸纹饰为平展状。

**叶片茸毛性状**：茸毛长度为（517.44±19.71）μm，茸毛直径为（9.9±1.26）μm，茸毛纹饰为短棒状。

**叶片气孔性状**：气孔为长卵形，气孔器大小为（386.96±38.21）μm²，气孔密度为（200.02±15.48）个/mm²，气孔开度为0.33±0.04，内气孔长为（13.92±1.36）μm，内气孔宽为（4.55±0.24）μm，外气孔长为（24.28±1.41）μm，外气孔宽为（15.92±1.11）μm。

# 黄　玫　瑰
## *C. sinensis* 'Huangmeigui'

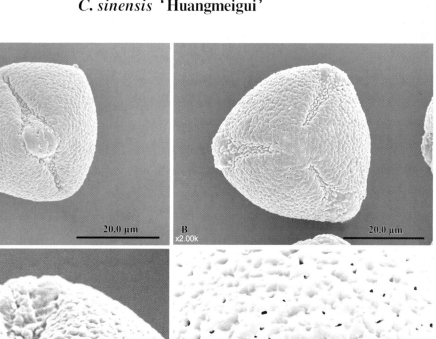

黄玫瑰花粉微形态扫描电镜图

A. 赤道面观　B. 极面观　C. 萌发沟　D. 外壁纹饰

**花粉形态特征**：花粉为中等花粉，极面观为三裂近圆形，赤道面观为近球形，萌发沟为三孔沟，外壁纹饰为疣状纹饰。

**花粉数据性状**：极轴长为（30.98±1.64）$\mu$m，赤道轴长为（33.79±1.22）$\mu$m，花粉大小为（1 046.11±53.47）$\mu$m²，花粉形状指数为0.92±0.07，萌发沟长为（28.58±1.63）$\mu$m，沟极比为0.92±0.07。

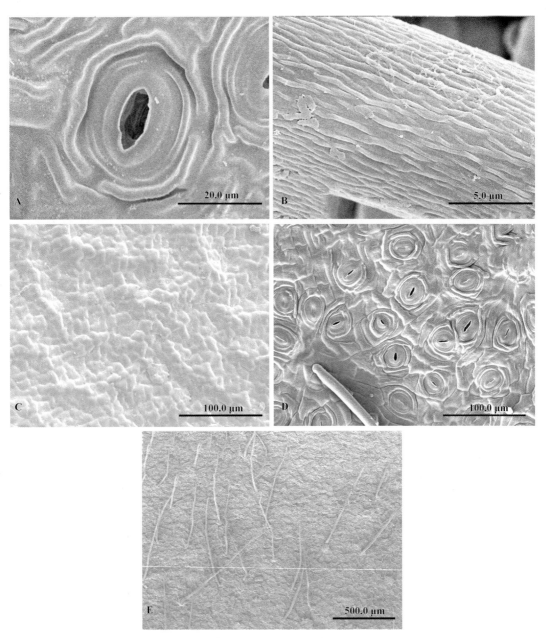

黄玫瑰叶片微形态扫描电镜图
A. 气孔　B. 茸毛　C. 纹饰　D. 气孔整体观　E. 茸毛整体观

**叶片蜡质纹饰：**蜡质纹饰为平展状。

**叶片茸毛性状：**茸毛长度为（571.53±16.23）$\mu$m，茸毛直径为（8.39±0.27）$\mu$m，茸毛纹饰为短棒状。

**叶片气孔性状：**气孔为长卵形，气孔器大小为（322.05±61.92）$\mu$m²，气孔密度为（302.52±18.97）个/mm²。气孔开展度为0.31±0.04，内气孔长为（14.31±1.33）$\mu$m，内气孔宽为（4.43±0.19）$\mu$m，外气孔长为（24.62±1.63）$\mu$m，外气孔宽为（14.26±1.38）$\mu$m。

# 紫　牡　丹
## *C. sinensis* 'Zimudan'

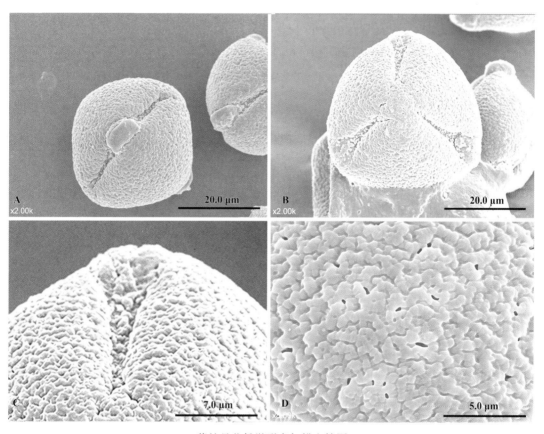

紫牡丹花粉微形态扫描电镜图
A. 赤道面观　B. 极面观　C. 萌发沟　D. 外壁纹饰

　　**花粉形态特征**：花粉为中等花粉，极面观为三裂近三角，赤道面观为近球形，萌发沟为三孔沟，外壁纹饰为疣状纹饰。

　　**花粉数据性状**：极轴长为（30.92±1.29）μm，赤道轴长为（33.60±1.66）μm，花粉大小为（1 040.47±87.66）μm²，花粉形状指数为0.92±0.03，萌发沟长为（28.11±1.45）μm，沟极比为0.92±0.03。

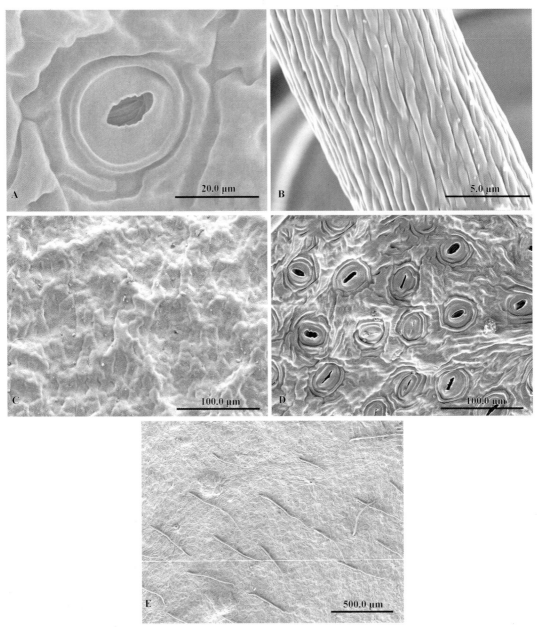

紫牡丹叶片微形态扫描电镜图
A. 气孔  B. 茸毛  C. 纹饰  D. 气孔整体观  E. 茸毛整体观

**叶片蜡质纹饰**：蜡质纹饰为波浪状。

**叶片茸毛性状**：茸毛长度为（468.76±15.3）μm，茸毛直径为（9.39±0.18）μm，茸毛纹饰为短棒状。

**叶片气孔性状**：气孔为长卵形，气孔器大小为（430.21±34.17）μm²，气孔密度为（269.67±14.57）个/mm²，气孔开度为0.29±0.03，内气孔长为（14.58±1.22）μm，内气孔宽为（4.24±0.20）μm，外气孔长为（22.13±1.58）μm，外气孔宽为（13.62±1.480）μm。

# 瑞　香
## *C. sinensis* 'Ruixiang'

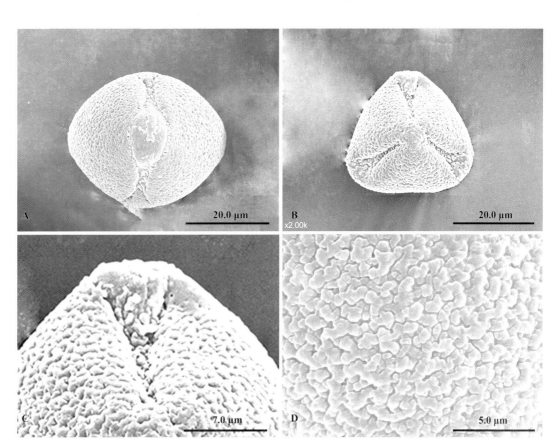

瑞香花粉微形态扫描电镜图
A. 赤道面观　B. 极面观　C. 萌发沟　D. 外壁纹饰

**花粉形态特征**：花粉为中等花粉，极面观为三裂近三角，赤道面观为扁球形，萌发沟为三孔沟，外壁纹饰为疣状纹饰。

**花粉数据性状**：极轴长为（33.14±1.63）$\mu m$，赤道轴长为（35.62±2.32）$\mu m$，花粉大小为（1 182.00±117.5）$\mu m^2$，花粉形状指数为 0.93±0.05，萌发沟长为（28.46±1.32）$\mu m$，沟极比为 0.85±0.05。

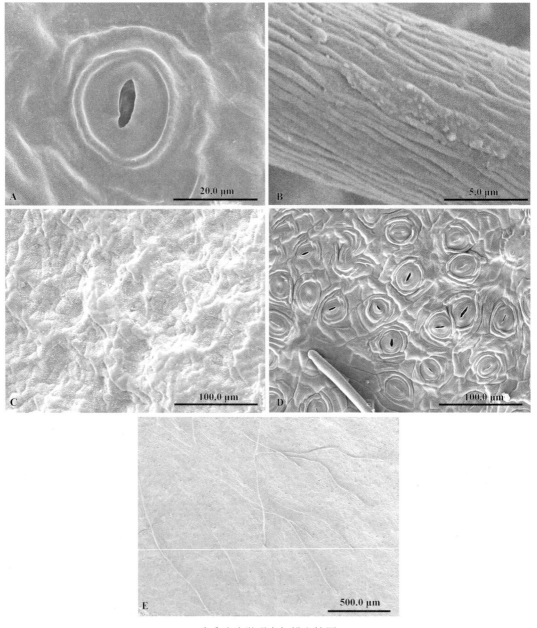

瑞香叶片微形态扫描电镜图

A. 气孔　B. 茸毛　C. 纹饰　D. 气孔整体观　E. 茸毛整体观

**叶片蜡质纹饰**：蜡质纹饰为波浪状。

**叶片茸毛性状**：茸毛长度为（573.1±16.21）$\mu m$，茸毛直径为（9.71±0.48）$\mu m$，茸毛纹饰为长条状。

**叶片气孔性状**：气孔为长卵形，气孔器大小为（314.30±28.61）$\mu m^2$，气孔密度为（318.05±26.40）个/$mm^2$，气孔开度为0.30±0.04，内气孔长为（14.26±1.10）$\mu m$，内气孔宽为（4.31±0.24）$\mu m$，外气孔长为（20.92±1.60）$\mu m$，外气孔宽为（15.06±1.28）$\mu m$。

# 春 兰

## *C. sinensis* 'Chunlan'

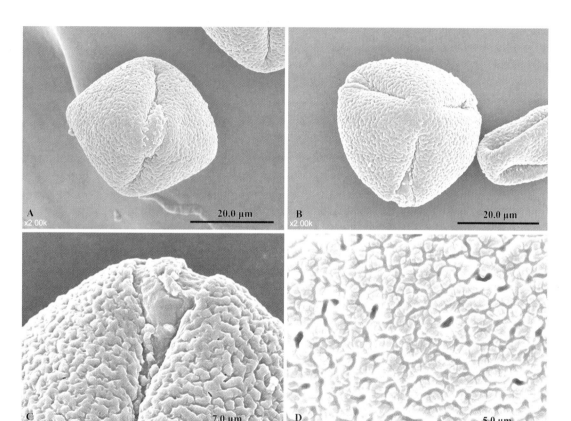

春兰花粉微形态扫描电镜图

A. 赤道面观　B. 极面观　C. 萌发沟　D. 外壁纹饰

**花粉形态特征**：花粉为中等花粉，极面观为三裂近三角，赤道面观为近球形，萌发沟为三孔沟，外壁纹饰为疣状纹饰。

**花粉数据性状**：极轴长为（32.53±2.22）μm，赤道轴长为（71.02±1.59）μm，花粉大小为（2 446.36±112.69）μm²，花粉形状指数为 0.81±0.27，萌发沟长为（28.29±1.42）μm，沟极比为 0.88±0.06。

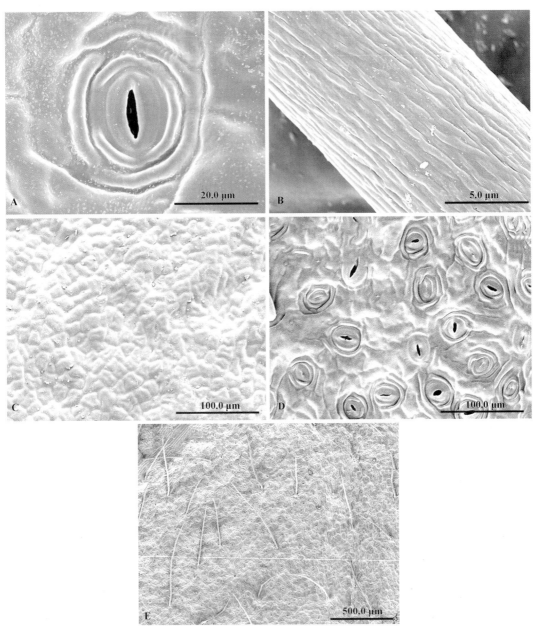

春兰叶片微形态扫描电镜图

A. 气孔　B. 茸毛　C. 纹饰　D. 气孔整体观　E. 茸毛整体观

**叶片蜡质纹饰**：蜡质纹饰为平展状。

**叶片茸毛性状**：茸毛长度为（450.01±25.43）$\mu$m，茸毛直径为（10.45±1.00）$\mu$m，茸毛纹饰为短棒状。

**叶片气孔性状**：气孔为长卵形，气孔器大小为（462.68±62.96）$\mu$m$^2$，气孔密度为（270.94±20.96）个/mm$^2$，气孔开度为0.31±0.02，内气孔长为（12.91±0.93）$\mu$m，内气孔宽为（4.03±0.14）$\mu$m，外气孔长为（22.69±2.34）$\mu$m，外气孔宽为（13.62±1.30）$\mu$m。

# 霞浦元宵绿
## *C. sinensis* 'Xiapu Yuanxiaolv'

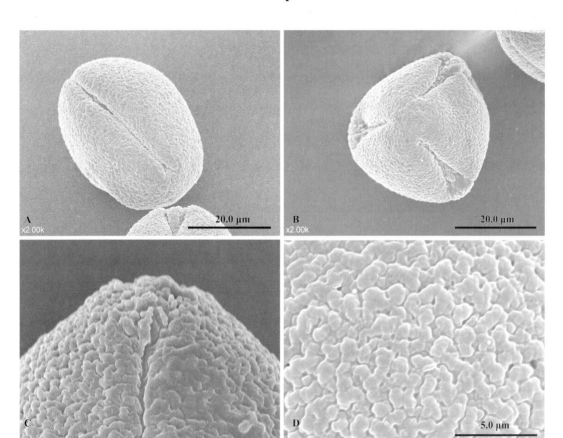

霞浦元宵绿花粉微形态扫描电镜图
A. 赤道面观　B. 极面观　C. 萌发沟　D. 外壁纹饰

**花粉形态特征**：花粉为中等花粉，极面观为近三角形，赤道面观为长椭圆形，萌发沟为三孔沟，外壁纹饰为粗糙疣状。

**花粉数据性状**：极轴长为（38.96±2.57）μm，赤道轴长为（30.16±1.90）μm，花粉大小为（1 172.24±65.08）μm²，花粉形状指数为1.30±0.14，萌发沟长为（33.07±5.54）μm，沟极比为0.83±0.04。

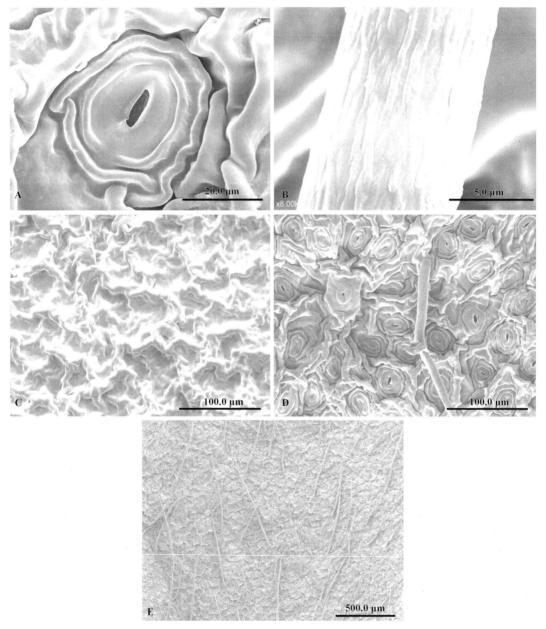

霞浦元宵绿叶片微形态扫描电镜图
A. 气孔 B. 茸毛 C. 纹饰 D. 气孔整体观 E. 茸毛整体观

**叶片蜡质纹饰：**蜡质纹饰为皱脊状。

**叶片茸毛性状：**茸毛长度为（424.17±32.66）μm，茸毛直径为（9.70±0.73）μm，茸毛纹饰为长条纹形。

**叶片气孔性状：**气孔为长卵形，气孔器大小为（387.67±0.71）μm²，气孔密度为（385.71±16.70）个/mm²，气孔开度为0.31±0.05，内气孔长为（12.09±1.42）μm，内气孔宽为（3.70±0.85）μm，外气孔长为（22.90±1.00）μm，外气孔宽为（16.93±0.71）μm。

# 福 云 6 号
## *C. sinensis* 'Fuyun 6'

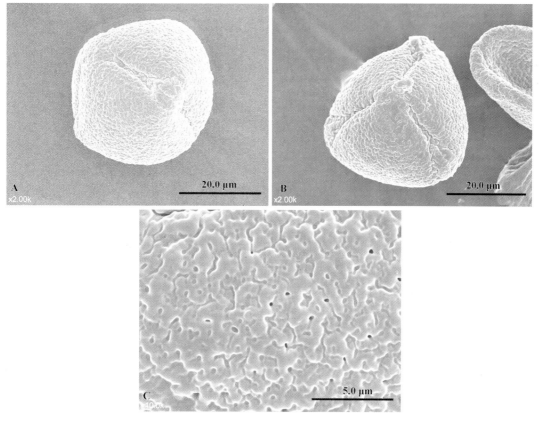

福云 6 号花粉微形态扫描电镜图
A. 赤道面观　B. 极面观　C. 外壁纹饰

　　**花粉形态特征**：花粉为中等花粉，极面观为近三角形，赤道面观为纺锤形，萌发沟为拟三孔沟，外壁纹饰为拟网状纹饰。

　　**花粉数据性状**：极轴长为（35.83±2.21）$\mu m$，赤道轴长为（2.96±4.10）$\mu m$，花粉大小为（1 177.35±138.09）$\mu m^2$，花粉形状指数为 1.11±0.22，萌发沟长为（22.69±5.84）$\mu m$，沟极比为 0.64±0.14。

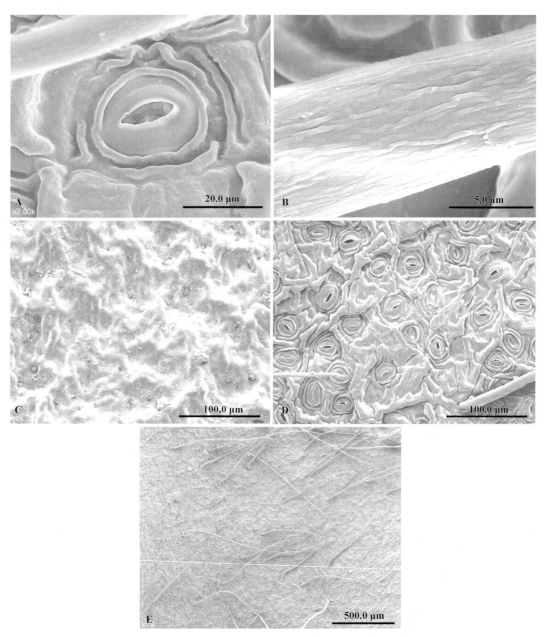

福云 6 号叶片微形态扫描电镜图
A. 气孔　B. 茸毛　C. 纹饰　D. 气孔整体观　E. 茸毛整体观

**叶片蜡质纹饰：**蜡质纹饰为波浪状。

**叶片茸毛性状：**茸毛长度为（612.44±83.45）μm，茸毛直径为（8.83±1.29）μm，茸毛纹饰为短棒形。

**叶片气孔性状：**气孔为长卵形，气孔器大小为（380.73±5.46）μm²，气孔密度为（329.95±21.65）个/mm²，气孔开度为 0.29±0.03，内气孔长为（14.51±2.13）μm，内气孔宽为（4.13±0.85）μm，外气孔长为（23.90±2.13）μm，外气孔宽为（15.93±2.56）μm。

# 福 云 7 号
## *C. sinensis* 'Fuyun 7'

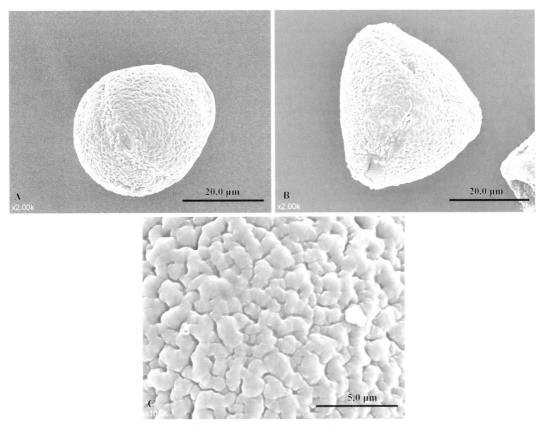

福云 7 号花粉微形态扫描电镜图

A. 赤道面观　B. 极面观　C. 外壁纹饰

　　**花粉形态特征：**花粉为中等花粉，极面观为近三角形，赤道面观为纺锤形，萌发沟为拟三孔沟，外壁纹饰为粗糙疣状纹饰。

　　**花粉数据性状：**极轴长为（31.54±0.80）μm，赤道轴长为（33.52±1.17）μm，花粉大小为（1 057.34±46.65）μm²，花粉形状指数为 0.94±0.04，萌发沟长为（23.96±2.46）μm，沟极比为 0.56±0.02。

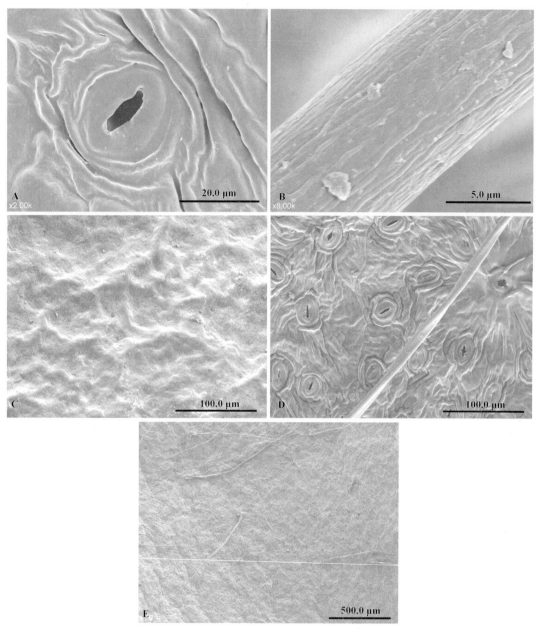

福云 7 号叶片微形态扫描电镜图
A. 气孔　B. 茸毛　C. 纹饰　D. 气孔整体观　E. 茸毛整体观

**叶片蜡质纹饰：** 蜡质纹饰为平展状。

**叶片茸毛性状：** 茸毛长度为（512.27±44.38）$\mu$m，茸毛直径为（8.98±0.90）$\mu$m，茸毛纹饰为平滑型。

**叶片气孔性状：** 气孔为长卵形，气孔器大小为（511.59±2.27）$\mu$m²，气孔密度为（190.86±11.99）个/mm²，气孔开度为 0.31±0.05，内气孔长为（14.65±1.85）$\mu$m，内气孔宽为（4.55±0.57）$\mu$m，外气孔长为（927.45±1.99）$\mu$m，外气孔宽为（18.63±1.14）$\mu$m。

# 福 云 10 号
## *C. sinensis* 'Fuyun 10'

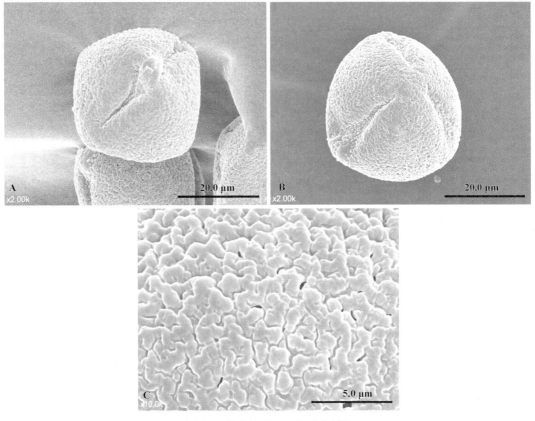

福云 10 号花粉微形态扫描电镜图

A. 赤道面观　B. 极面观　C. 外壁纹饰

**花粉形态特征**：花粉为中等花粉，极面观为近三角形，赤道面观为纺锤形，萌发沟为拟三孔沟，外壁纹饰为光滑疣状纹饰。

**花粉数据性状**：极轴长为（34.08±2.51）μm，赤道轴长为（32.50±2.82）μm，花粉大小为（1 106.51±111.32）μm²，花粉形状指数为 1.06±0.13，萌发沟长为（25.45±4.26）μm，沟极比为 0.76±0.09。

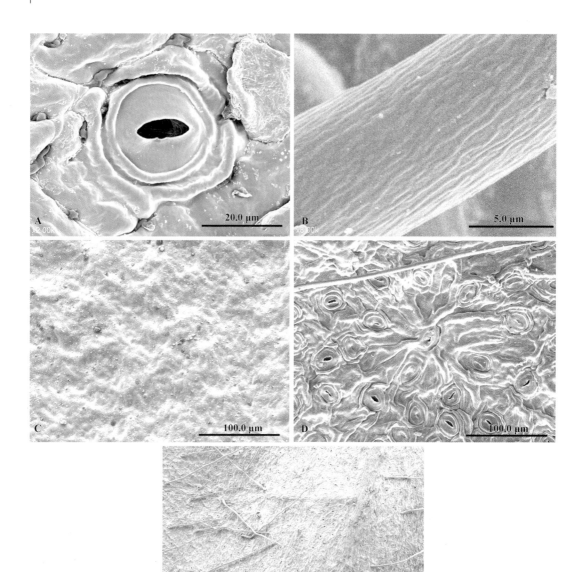

福云 10 号叶片微形态扫描电镜图

A. 气孔　B. 茸毛　C. 纹饰　D. 气孔整体观　E. 茸毛整体观

**叶片蜡质纹饰**：蜡质纹饰为平展状。

**叶片茸毛性状**：茸毛长度为（545.24±55.69）$\mu m$，茸毛直径为（9.30±1.29）$\mu m$，茸毛纹饰为短棒形。

**叶片气孔性状**：气孔为长卵形，气孔器大小为（384.13±3.34）$\mu m^2$，气孔密度为（246.24±48.45）个/$mm^2$，气孔开度为 0.37±0.06，内气孔长为（12.94±1.42）$\mu m$，内气孔宽为（4.69±0.71）$\mu m$，外气孔长为（23.90±2.13）$\mu m$，外气孔宽为（16.07±1.56）$\mu m$。

# 迎　霜
## *C. sinensis* 'Yingshuang'

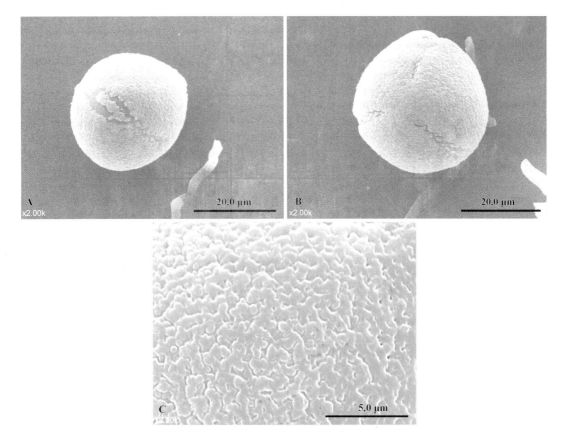

迎霜花粉微形态扫描电镜图

A. 赤道面观　B. 极面观　C. 外壁纹饰

　　**花粉形态特征：**花粉为中等花粉，极面观为近圆形，赤道面观为卵圆形，萌发沟为三孔沟，外壁纹饰为光滑疣状纹饰。

　　**花粉数据性状：**极轴长为（34.55±6.50）μm，赤道轴长（33.39±5.30）μm，花粉大小为（1 172.18±366.16）μm²，花粉形状指数为 1.05±0.18，萌发沟长为（31.57±4.66）μm，沟极比为 0.77±0.08。

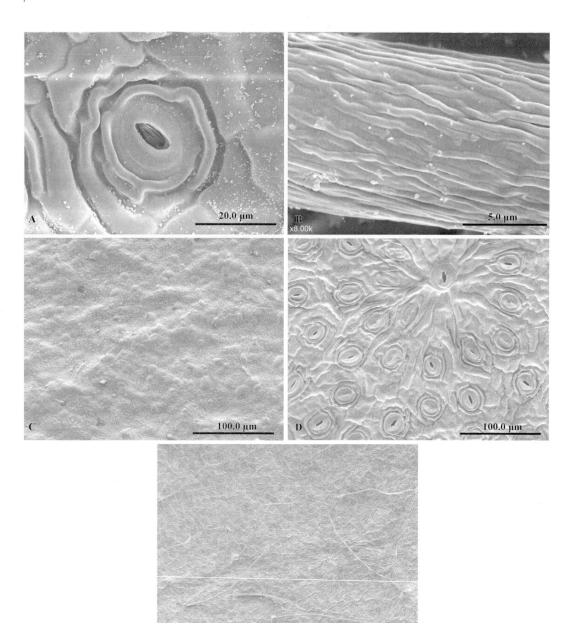

迎霜叶片微形态扫描电镜图
A. 气孔 B. 茸毛 C. 纹饰 D. 气孔整体观 E. 茸毛整体观

**叶片蜡质纹饰：**蜡质纹饰为平展状。

**叶片茸毛性状：**茸毛长度为（567.07±18.85）μm，茸毛直径为（10.17±0.60）μm，茸毛纹饰为短棒形。

**叶片气孔性状：**气孔为长卵形，气孔器大小为（377.05±2.91）μm²，气孔密度为（318.82±32.23）个/mm²，气孔开度为 0.34±0.05，内气孔长为（11.81±1.42）μm，内气孔宽为（3.98±0.43）μm，外气孔长为（21.91±2.28）μm，外气孔宽为（17.21±1.28）μm。

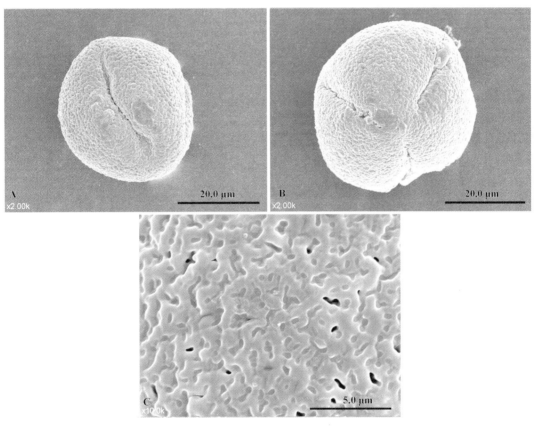

龙井 43 花粉微形态扫描电镜图
A. 赤道面观　B. 极面观　C. 外壁纹饰

**花粉形态特征：**花粉为中等花粉，极面观为近三角形，赤道面观为近圆形，萌发沟为拟三孔沟，外壁纹饰为拟网状纹饰。

**花粉数据性状：**极轴长为（36.64±2.81）$\mu$m，赤道轴长为（34.56±1.83）$\mu$m，花粉大小为（1 278.10±153.35）$\mu$m$^2$，花粉形状指数为 1.07±0.05，萌发沟长为（24.59±8.15）$\mu$m，沟极比为 0.63±0.15。

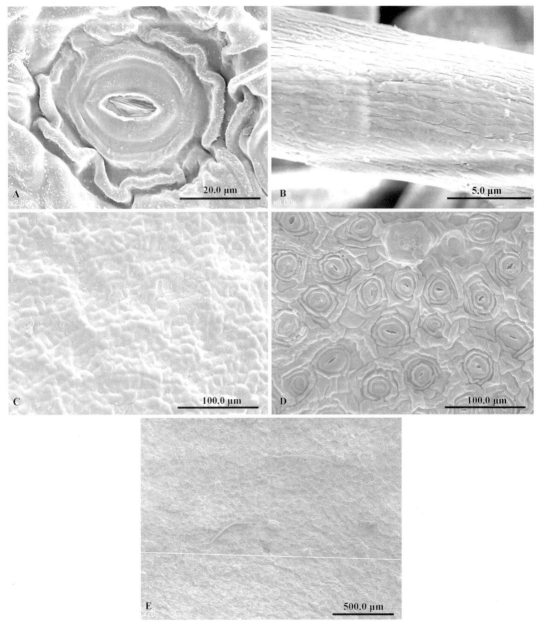

龙井43叶片微形态扫描电镜图

A. 气孔　B. 茸毛　C. 纹饰　D. 气孔整体观　E. 茸毛整体观

　　**叶片蜡质纹饰**：蜡质纹饰为波浪状。

　　**叶片茸毛性状**：茸毛长度为（454.59±19.31）μm，茸毛直径为（10.77±1.79）μm，茸毛纹饰为平滑型。

　　**叶片气孔性状**：气孔为长卵形，气孔器大小为（479.92±2.00）μm²，气孔密度为（283.87±12.90）个/mm²，气孔开度为0.38±0.13，内气孔长为（14.79±1.85）μm，内气孔宽为（5.55±1.42）μm，外气孔长为（25.18±1.56）μm，外气孔宽为（19.06±1.28）μm。

# 中 茶 102
## *C. sinensis* 'Zhongcha 102'

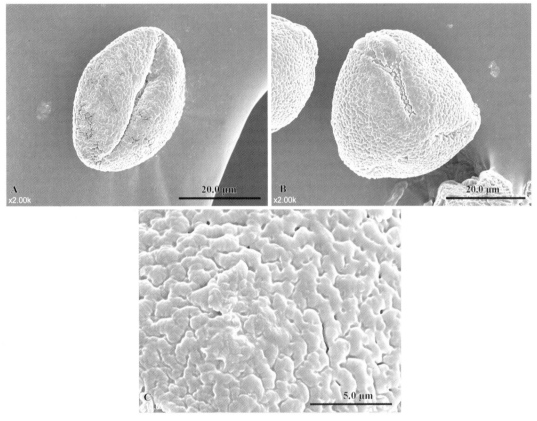

中茶 102 花粉微形态扫描电镜图

A. 赤道面观 B. 极面观 C. 外壁纹饰

**花粉形态特征：**花粉为中等花粉，极面观为近三角形，赤道面观为长椭圆形，萌发沟为拟三孔沟，外壁纹饰为拟网状纹饰。

**花粉数据性状：**极轴长为（22.74±5.35）μm，赤道轴长为（35.65±1.70）μm，花粉大小为（812.16±199.65）μm²，花粉形状指数为 0.64±0.15，萌发沟长为（22.74±5.35）μm，沟极比为 0.64±0.15。

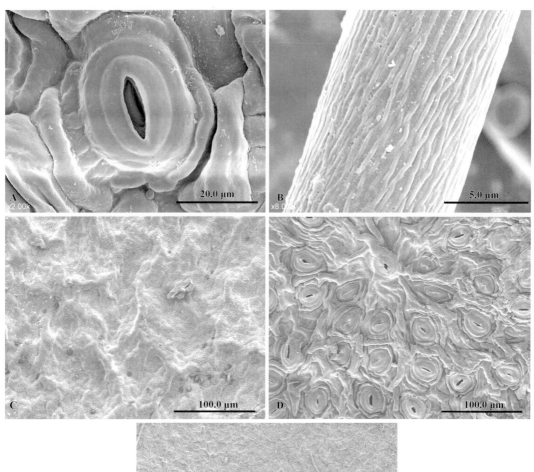

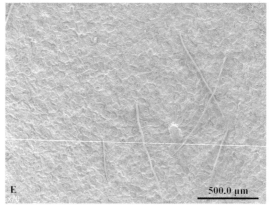

中茶 102 叶片微形态扫描电镜图

A. 气孔　B. 茸毛　C. 纹饰　D. 气孔整体观　E. 茸毛整体观

**叶片蜡质纹饰：**蜡质纹饰为波浪状。

**叶片茸毛性状：**茸毛长度为（431.39±66.49）μm，茸毛直径为（10.14±0.60）μm，茸毛纹饰为短棒形。

**叶片气孔性状：**气孔为长卵形，气孔器大小为（450.62±2.02）μm²，气孔密度为（299.54±20.07）个/mm²，气孔开度为 0.30±0.05，内气孔长为（14.79±2.13）μm，内气孔宽为（4.41±1.00）μm，外气孔长为（24.18±2.84）μm，外气孔宽为（18.63±0.71）μm。

# 中 茶 108
## *C. sinensis* 'Zhongcha 108'

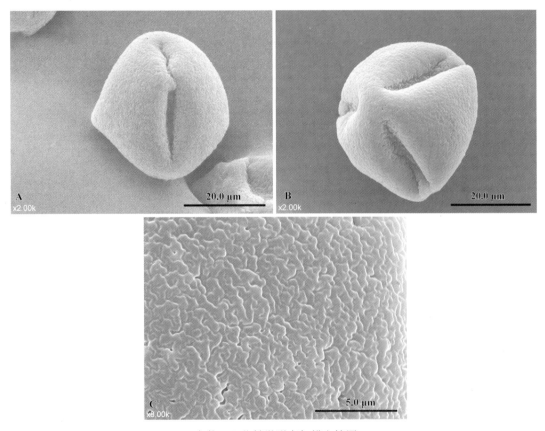

中茶 108 花粉微形态扫描电镜图

A. 赤道面观 B. 极面观 C. 外壁纹饰

**花粉形态特征**：花粉为中等花粉，极面观为近三角形，赤道面观为长椭圆形，萌发沟为拟三孔沟，外壁纹饰为光滑疣状纹饰。

**花粉数据性状**：极轴长为（33.32±3.87）μm，赤道轴长为（28.39±1.60）μm，花粉大小为（943.53±103.27）μm²，花粉形状指数为 1.18±0.18，萌发沟长为（22.57±4.32）μm，沟极比为 0.59±0.06。

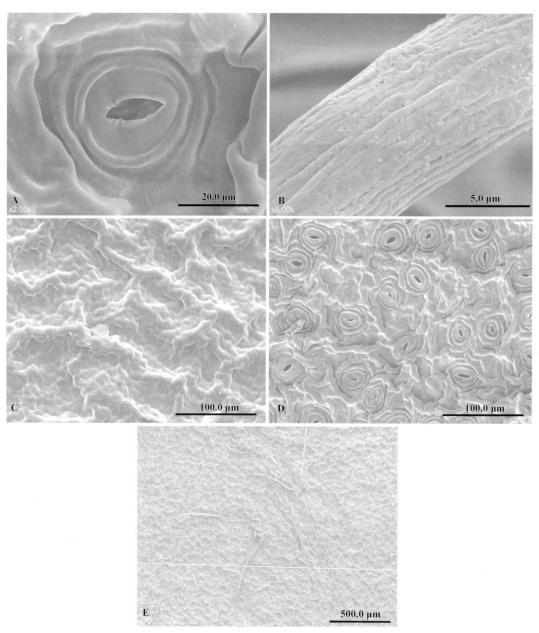

中茶 108 叶片微形态扫描电镜图
A. 气孔　B. 茸毛　C. 纹饰　D. 气孔整体观　E. 茸毛整体观

**叶片蜡质纹饰**：蜡质纹饰为波浪状。

**叶片茸毛性状**：茸毛长度为（354.77±26.14）μm，茸毛直径为（8.63±1.16）μm，茸毛纹饰为短棒形。

**叶片气孔性状**：气孔为长卵形，气孔器大小为（475.41±2.69）μm²，气孔密度为（288.71±19.60）个/mm²，气孔开度为 0.41±0.09，内气孔长为（15.50±1.71）μm，内气孔宽为（6.26±1.14）μm，外气孔长为（26.32±2.70）μm，外气孔宽为（18.07±1.00）μm。

# 云 抗 10 号
## *C. sinensis* 'Yunkang 10'

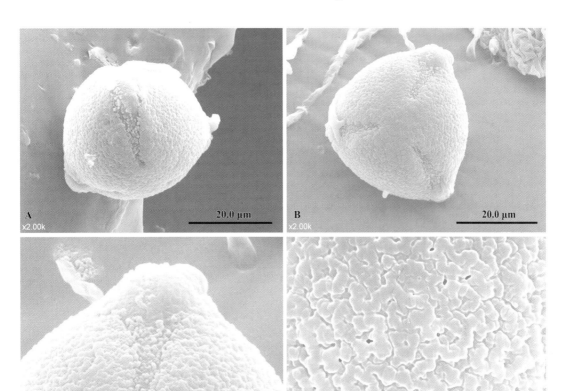

云抗 10 号花粉微形态扫描电镜图
A. 赤道面观　B. 极面观　C. 萌发沟　D. 外壁纹饰

　　**花粉形态特征：**花粉为中等花粉，极面观为近三角形，赤道面观为纺锤形，萌发沟为拟三孔沟，外壁纹饰为光滑疣状纹饰。

　　**花粉数据性状：**极轴长为（33.51±2.76）$\mu m$，赤道轴长为（34.85±1.12）$\mu m$，花粉大小为（1 169.65±123.01）$\mu m^2$，花粉形状指数为 0.96±0.06，萌发沟长为（29.81±3.92）$\mu m$，沟极比为 0.74±0.08。

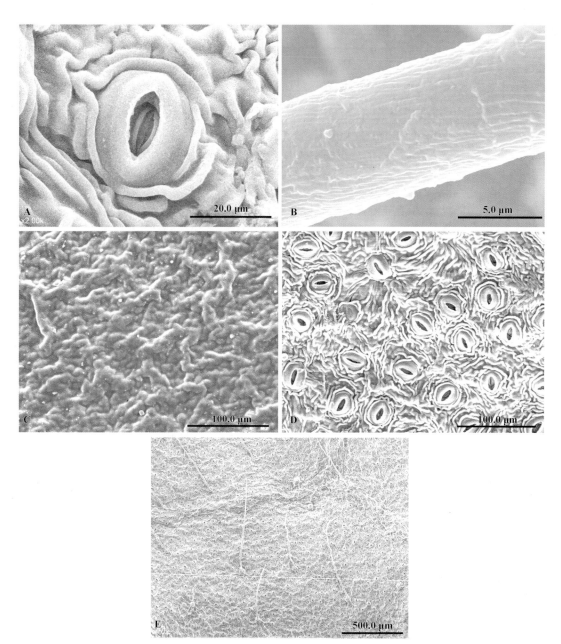

云抗 10 号叶片微形态扫描电镜图

A. 气孔　B. 茸毛　C. 纹饰　D. 气孔整体观　E. 茸毛整体观

**叶片蜡质纹饰：** 蜡质纹饰为皱脊状。

**叶片茸毛性状：** 茸毛长度为（483.77±217.59）μm，茸毛直径为（2.64±0.30）μm，茸毛纹饰为短棒形。

**叶片气孔性状：** 气孔为长卵形，气孔器大小为（528.35±4.27）μm²，气孔密度为（295.48±6.90）个/mm²，气孔开度为 0.36±0.04，内气孔长为（18.41±1.74）μm，内气孔宽为（6.67±0.84）μm，外气孔长为（28.33±1.95）μm，外气孔宽为（18.65±2.19）μm。

# 祁 门 种
## *C. sinensis* 'Qimenzhong'

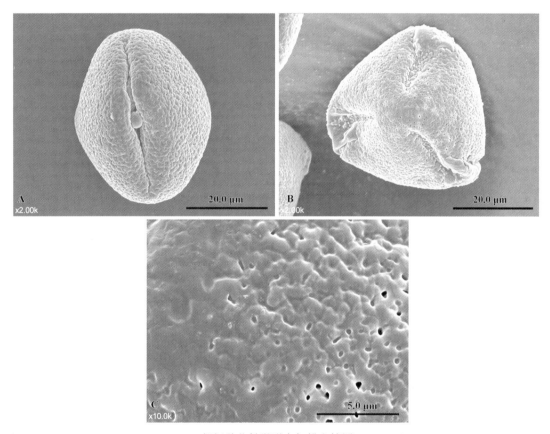

祁门种花粉微形态扫描电镜图

A. 赤道面观　B. 极面观　C. 外壁纹饰

　　**花粉形态特征**：花粉为中等花粉，极面观为近三角形，赤道面观为近圆形，萌发沟为拟三孔沟，外壁纹饰为拟网状纹饰。

　　**花粉数据性状**：极轴长为（35.02±1.84）μm，赤道轴长为（37.03±1.15）μm，花粉大小为（1 301.16±67.57）μm²，花粉形状指数为 0.95±0.07，萌发沟长为（26.45±4.64）μm，沟极比为 0.75±0.12。

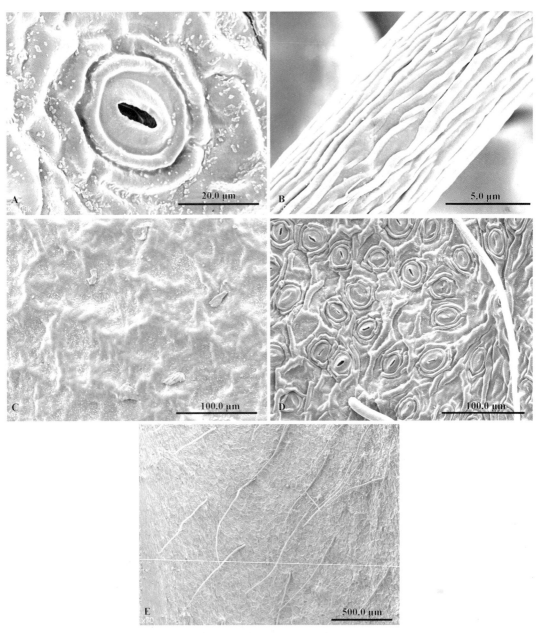

祁门种叶片微形态扫描电镜图
A. 气孔　B. 茸毛　C. 纹饰　D. 气孔整体观　E. 茸毛整体观

**叶片蜡质纹饰**：蜡质纹饰为波浪状。

**叶片茸毛性状**：茸毛长度为（594.32±50.61）$\mu m$，茸毛直径为（9.45±0.83）$\mu m$，茸毛纹饰为长条纹形。

**叶片气孔性状**：气孔为长卵形，气孔器大小为（314.68±4.55）$\mu m^2$，气孔密度为（311.29±28.29）个/$mm^2$，气孔开度为0.27±0.09，内气孔长为（9.96±1.71）$\mu m$，内气孔宽为（2.70±1.00）$\mu m$，外气孔长为（20.48±2.13）$\mu m$，外气孔宽为（15.36±2.13）$\mu m$。

# 凤 庆 大 叶 茶
## *C. sinensis* 'Fengqing Dayecha'

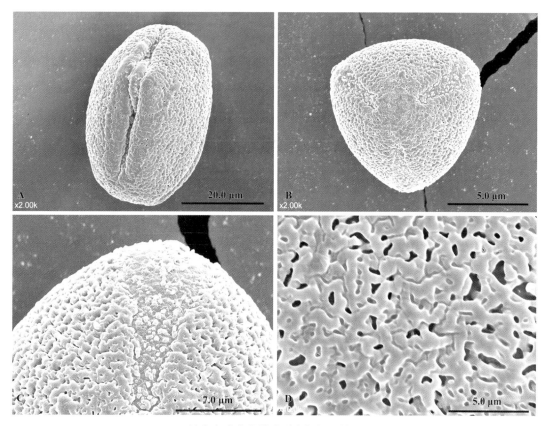

凤庆大叶茶花粉微形态扫描电镜图

A. 赤道面观　B. 极面观　C. 萌发沟　D. 外壁纹饰

　　**花粉形态特征：** 花粉为中等花粉，极面观为近三角形，赤道面观为长椭圆形，萌发沟为三孔沟，外壁纹饰为拟网状纹饰。

　　**花粉数据性状：** 极轴长为（37.30±5.41）μm，赤道轴长为（32.51±2.39）μm，花粉大小为（1 200.76±134.67）μm²，花粉形状指数为1.16±0.24，萌发沟长为（29.00±4.84）μm，沟极比为0.77±0.06。

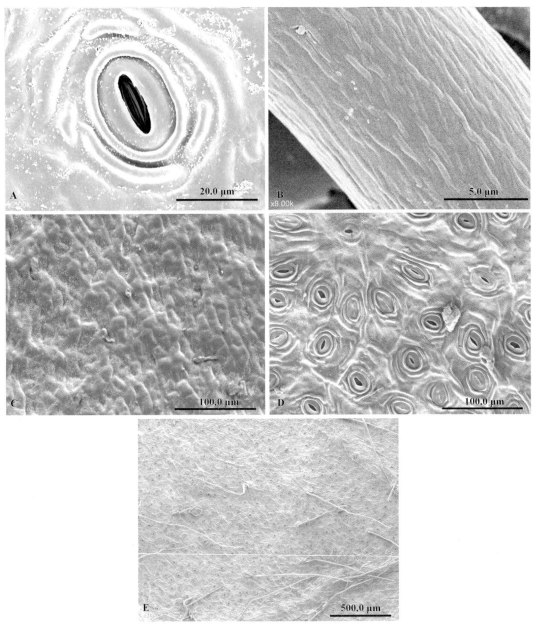

凤庆大叶茶叶片微形态扫描电镜图
A. 气孔　B. 茸毛　C. 纹饰　D. 气孔整体观　E. 茸毛整体观

**叶片蜡质纹饰**：蜡质纹饰为平展状。

**叶片茸毛性状**：茸毛长度为（546.19±49.02）μm，茸毛直径为（9.81±2.02）μm，茸毛纹饰为长条纹形。

**叶片气孔性状**：气孔为长卵形，气孔器大小为（415.21±1.52）μm²，气孔密度为（307.83±12.05）个/mm²，气孔开度为0.30±0.05，内气孔长为（13.94±1.99）μm，内气孔宽为（4.13±0.71）μm，外气孔长为（25.6±2.13）μm，外气孔宽为（16.22±0.71）μm。

# 乐 昌 白 毛 茶
## *C. sinensis* 'Lechang Baimaocha'

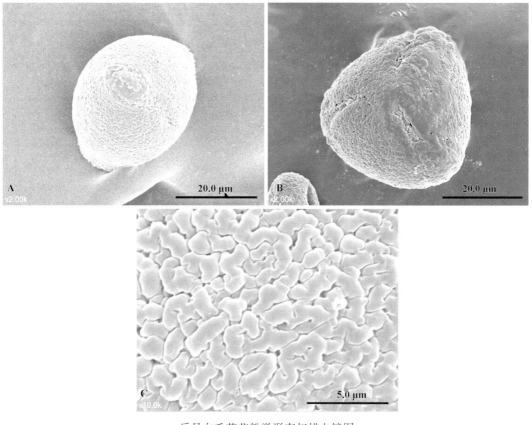

乐昌白毛茶花粉微形态扫描电镜图
A. 赤道面观　B. 极面观　C. 外壁纹饰

　　**花粉形态特征：**花粉为中等花粉，极面观为近三角形，赤道面观为卵圆形，萌发沟为拟三孔沟，外壁纹饰为光滑疣状纹饰。

　　**花粉数据性状：**极轴长为（33.63±3.75）μm，赤道轴长为（32.69±5.65）μm，花粉大小为（1 087.08±159.36）μm²，花粉形状指数为 1.08±0.34，萌发沟长为（23.86±4.80）μm，沟极比为 0.72±0.11。

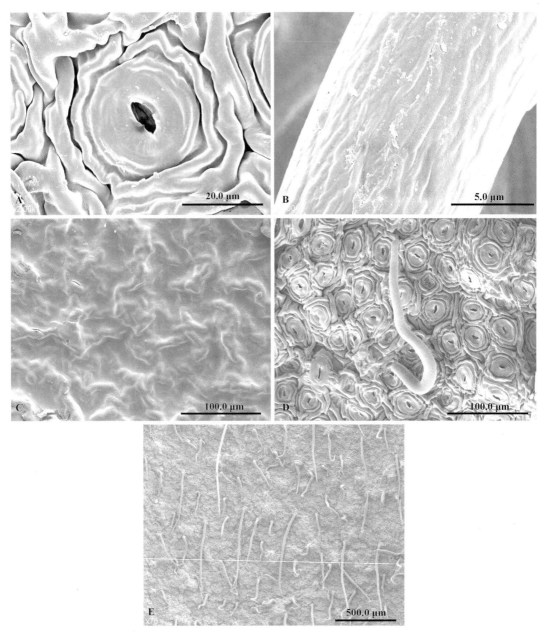

乐昌白毛茶叶片微形态扫描电镜图
A. 气孔　B. 茸毛　C. 纹饰　D. 气孔整体观　E. 茸毛整体观

**叶片蜡质纹饰：**蜡质纹饰为波浪状。

**叶片茸毛性状：**茸毛长度为（447.93±35.50）μm，茸毛直径为（12.36±0.89）μm，茸毛纹饰为平滑型。

**叶片气孔性状：**气孔为长卵形，气孔器大小为（736.87±15.76）μm²，气孔密度为（489.25±18.31）个/mm²，气孔开度为0.68±0.15，内气孔长为（12.66±1.99）μm，内气孔宽为（8.39±1.42）μm，外气孔长为（28.31±2.70）μm，外气孔宽为（26.03±5.83）μm。

# 宁 州 种
## *C. sinensis* 'Ningzhouzhong'

宁州种花粉微形态扫描电镜图

A. 赤道面观 B. 极面观 C. 外壁纹饰

**花粉形态特征：** 花粉为中等花粉，极面观为近三角形，赤道面观为长椭圆形，萌发沟为拟三孔沟，外壁纹饰为拟网状纹饰。

**花粉数据性状：** 极轴长为（47.81±2.75）$\mu$m，赤道轴长为（29.83±1.53）$\mu$m，花粉大小为（1 425.33±93.93）$\mu$m²，花粉形状指数为 1.61±0.14，萌发沟长为（35.26±11.71）$\mu$m，沟极比为 0.73±0.24。

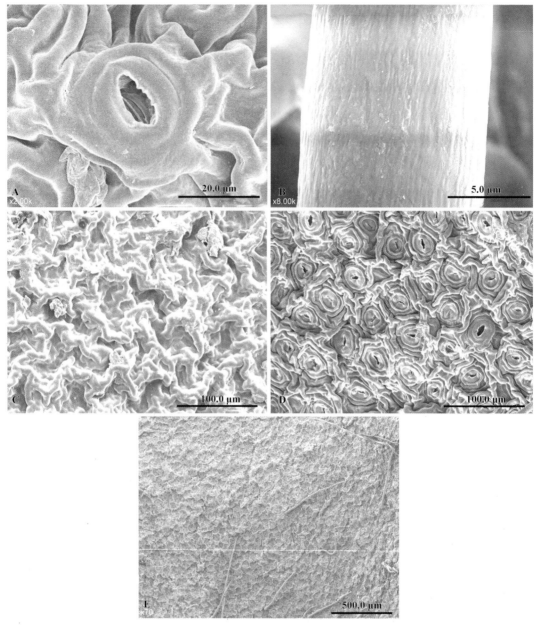

宁州种叶片微形态扫描电镜图
A. 气孔　B. 茸毛　C. 纹饰　D. 气孔整体观　E. 茸毛整体观

**叶片蜡质纹饰**：蜡质纹饰为皱脊状。

**叶片茸毛性状**：茸毛长度为（402.16±40.80）$\mu m$，茸毛直径为（10.69±1.00）$\mu m$，茸毛纹饰为短棒形。

**叶片气孔性状**：气孔为长卵形，气孔器大小为（397.44±6.56）$\mu m^2$，气孔密度为（409.22±24.10）个/$mm^2$，气孔开度为0.37±0.13，内气孔长为（12.52±1.99）$\mu m$，内气孔宽为（4.55±1.28）$\mu m$，外气孔长为（22.90±2.56）$\mu m$，外气孔宽为（17.35±2.56）$\mu m$。

# 湄 潭 苔 茶
## *C. sinensis* 'Meitan Taicha'

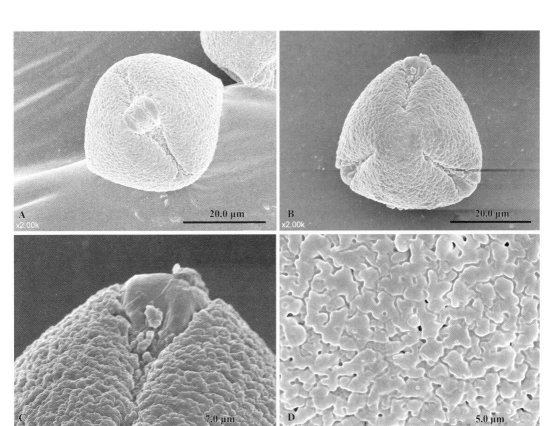

湄潭苔茶花粉微形态扫描电镜图

A. 赤道面观　B. 极面观　C. 萌发沟　D. 外壁纹饰

　　**花粉形态特征：**花粉为中等花粉，极面观为近三角形，赤道面观为长椭圆形，萌发沟为拟三孔沟，外壁纹饰为光滑疣状纹饰。

　　**花粉数据性状：**极轴长为（39.97±4.20）μm，赤道轴长为（30.82±2.27）μm，花粉大小为（1 217.04±102.79）μm²，花粉形状指数为1.30±0.21，萌发沟长为（33.07±5.84）μm，沟极比为0.83±0.05。

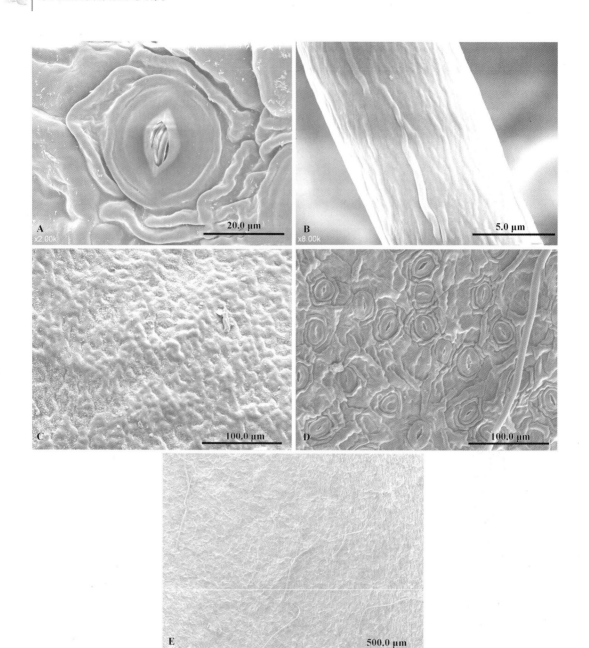

湄潭苔茶叶片微形态扫描电镜图
A. 气孔　B. 茸毛　C. 纹饰　D. 气孔整体观　E. 茸毛整体观

**叶片蜡质纹饰**：蜡质纹饰为平展状。

**叶片茸毛性状**：茸毛长度为（511.3±34.69）μm，茸毛直径为（8.23±0.85）μm，茸毛纹饰为长条纹形。

**叶片气孔性状**：气孔为长卵形，气孔器大小为（498.27±4.55）μm²，气孔密度为（290.86±15.18）个/mm²，气孔开度为0.28±0.10，内气孔长为（14.51±2.70）μm，内气孔宽为（3.84±1.00）μm，外气孔长为（28.02±1.28）μm，外气孔宽为（17.78±3.56）μm。

# 紫 阳 种
## *C. sinensis* 'Ziyangzhong'

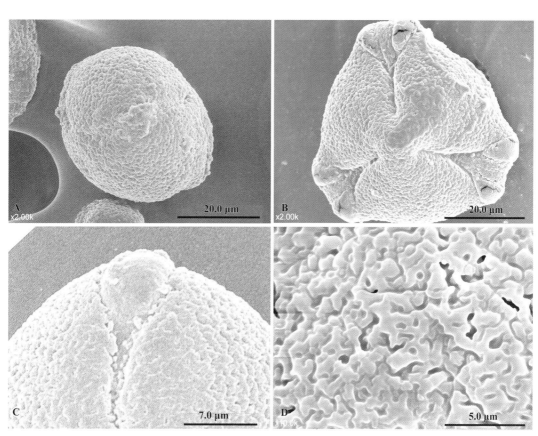

紫阳种花粉微形态扫描电镜图
A. 赤道面观 B. 极面观 C. 萌发沟 D. 外壁纹饰

**花粉形态特征**：花粉为中等花粉，极面观为近三角形，赤道面观为近圆形，萌发沟为拟三孔沟，外壁纹饰为拟网状纹饰。

**花粉数据性状**：极轴长为（40.48±3.11）μm，赤道轴长为（40.34±3.09）μm，花粉大小为（1 644.05±204.90）μm²，花粉形状指数为 1.01±0.10，萌发沟长为（26.90±5.93）μm，沟极比为 0.68±0.15。

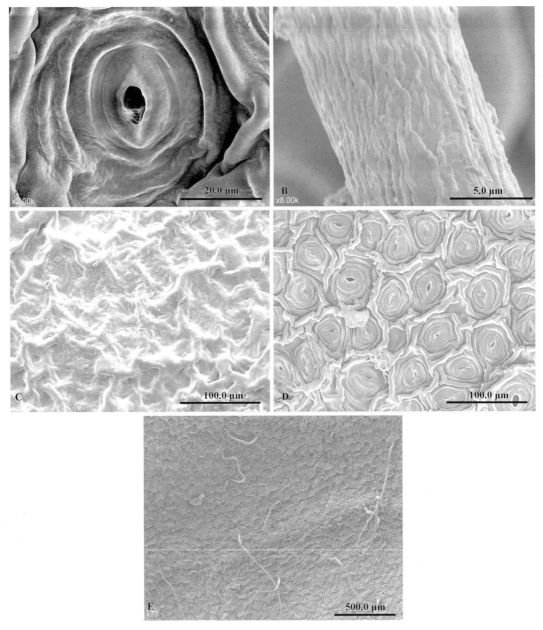

紫阳种叶片微形态扫描电镜图
A. 气孔　B. 茸毛　C. 纹饰　D. 气孔整体观　E. 茸毛整体观

　　**叶片蜡质纹饰**：蜡质纹饰为波浪状。

　　**叶片茸毛性状**：茸毛长度为（445.9±91.08）μm，茸毛直径为（10.02±1.47）μm，茸毛纹饰为短棒形。

　　**叶片气孔性状**：气孔为长卵形，气孔器大小为（530.14±2.73）μm²，气孔密度为（288.17±21.93）个/mm²，气孔开度为0.38±0.11，内气孔长为（13.09±3.84）μm，内气孔宽为（4.84±1.42）μm，外气孔长为（28.45±2.13）μm，外气孔宽为（18.63±1.28）μm。

# 第二节 省级优良茶树品种花粉叶片微形态图谱

## 大 红 袍
### *C. sinensis* 'Dahongpao'

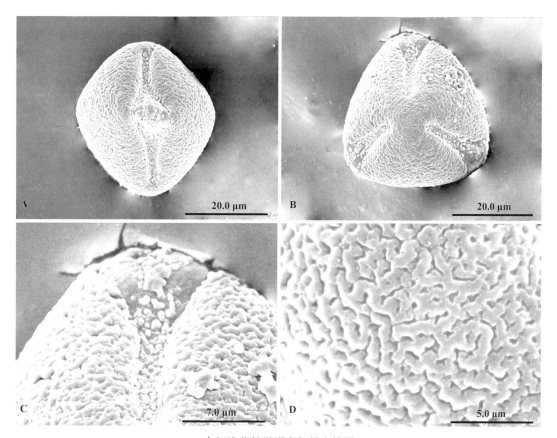

大红袍花粉微形态扫描电镜图

A. 赤道面观　B. 极面观　C. 萌发沟　D. 外壁纹饰

**花粉形态特征：**花粉为中等花粉，极面观为三裂近三角，赤道面观为长球形，萌发沟为三孔沟，外壁纹饰为脑纹状纹饰。

**花粉数据性状：**极轴长为（39.66±1.05）μm，赤道轴长为（32.85±1.54）μm，花粉大小为（1 302.62±89.57）μm²，花粉形状指数为 1.21，萌发沟长为（33.21±1.79）μm，沟极比为 0.71。

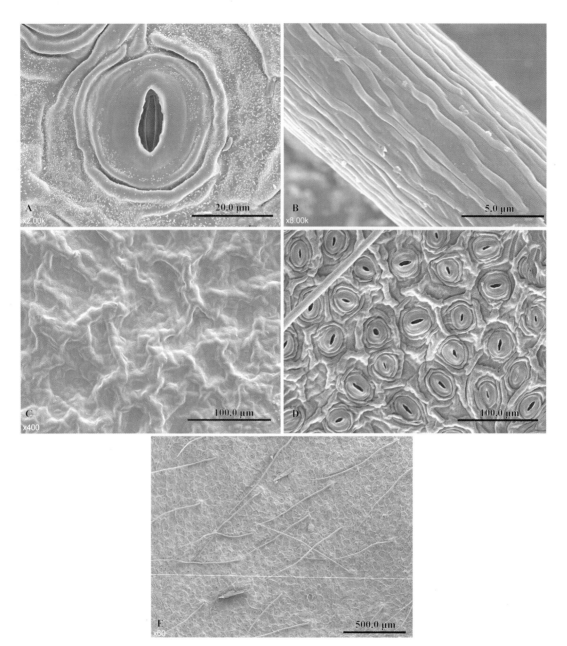

大红袍叶片微形态扫描电镜图

A. 气孔　B. 茸毛　C. 纹饰　D. 气孔整体观　E. 茸毛整体观

**叶片蜡质纹饰**：蜡质纹饰为波浪状。

**叶片茸毛性状**：茸毛长度为（753.85±76.62）$\mu$m，茸毛直径为（10.53±1.00）$\mu$m，茸毛纹饰为长条状。

**叶片气孔性状**：气孔为长卵形，气孔器大小为（328.22±28.30）$\mu$m$^2$，气孔密度为（320.03±71.28）个/mm$^2$，气孔开度为0.29±0.01，内气孔长为（14.85±2.58）$\mu$m，内气孔宽为（4.30±0.86）$\mu$m，外气孔长为（23.23±1.90）$\mu$m，外气孔宽为（14.13±0.04）$\mu$m。

# 肉 桂
## *C. sinensis* 'Rougui'

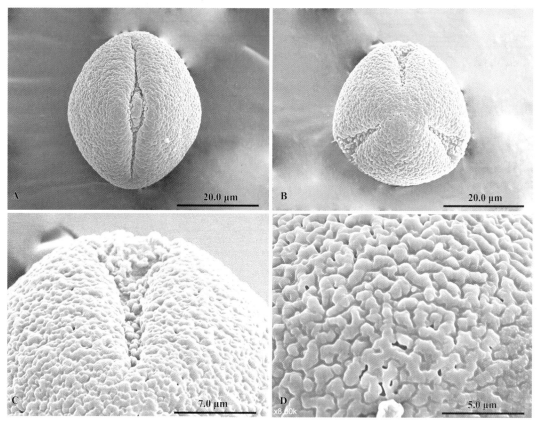

肉桂花粉微形态扫描电镜图
A. 赤道面观　B. 极面观　C. 萌发沟　D. 外壁纹饰

**花粉形态特征：**花粉为中等花粉，极面观为三裂近圆形，赤道面观为长球形，萌发沟为三孔沟，外壁纹饰为疣状纹饰。

**花粉数据性状：**极轴长为（42.20±1.30）μm，赤道轴长为（36.85±0.86）μm，花粉大小为（1 554.36±53.54）μm²，花粉形状指数为 1.15，萌发沟长为（34.47±1.65）μm，沟极比为 0.73。

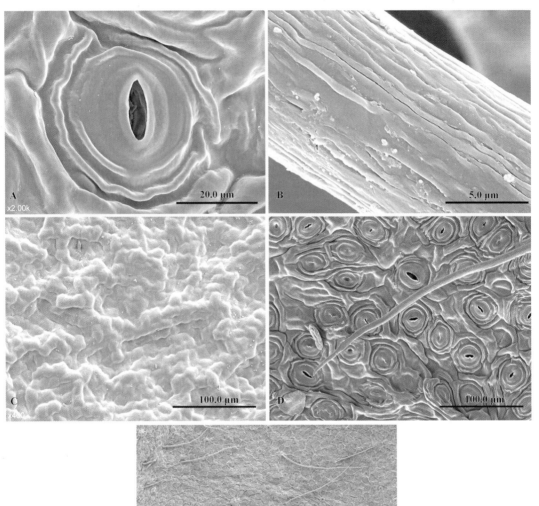

肉桂叶片微形态扫描电镜图

A. 气孔　B. 茸毛　C. 纹饰　D. 气孔整体观　E. 茸毛整体观

**叶片蜡质纹饰：**蜡质纹饰为波浪状。

**叶片茸毛性状：**茸毛长度为（547.79±13.45）μm，茸毛直径为（10.98±0.75）μm，茸毛纹饰为长条状。

**叶片气孔性状：**气孔为长卵形，气孔器大小为（340.66±38.39）μm²，气孔密度为（366.98±17.25）个/mm²，气孔开度为0.31±0.06，内气孔长为（13.33±2.88）μm，内气孔宽为（4.07±0.73）μm，外气孔长为（21.75±1.95）μm，外气孔宽为（15.66±0.85）μm。

# 白 芽 奇 兰
## *C. sinensis* 'Baiyaqilan'

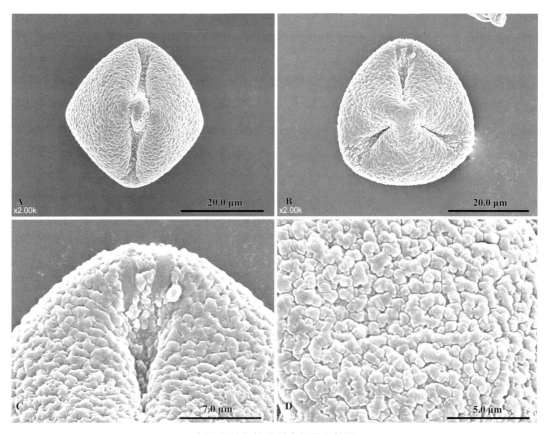

白芽奇兰花粉微形态扫描电镜图

A. 赤道面观　B. 极面观　C. 萌发沟　D. 外壁纹饰

**花粉形态特征：**花粉为中等花粉，极面观为三裂近圆形，赤道面观为近球形，萌发沟为三孔沟，外壁纹饰为疣状纹饰。

**花粉数据性状：**极轴长为（33.48±1.23）μm，赤道轴长为（37.88±1.34）μm，花粉大小为（1 268.83±128.46）μm²，花粉形状指数为 0.88，萌发沟长为（29.15±2.12）μm，沟极比为 0.72。

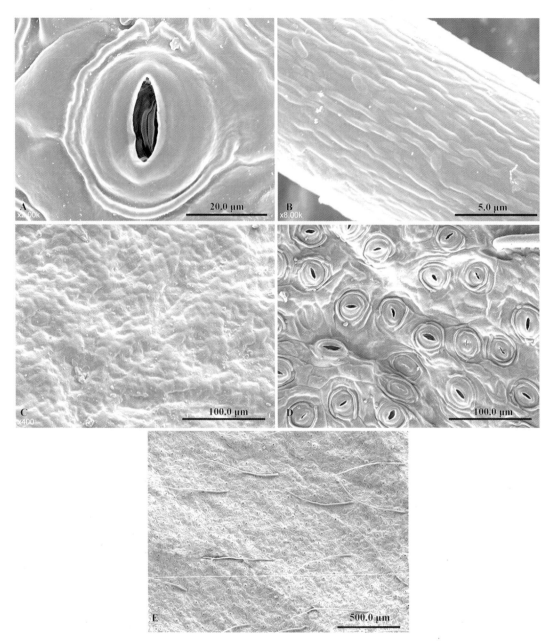

白芽奇兰叶片微形态扫描电镜图

A. 气孔　B. 茸毛　C. 纹饰　D. 气孔整体观　E. 茸毛整体观

　　**叶片蜡质纹饰：**蜡质纹饰为皱脊状。

　　**叶片茸毛性状：**茸毛长度为（431.98±15.27）μm，茸毛直径为（8.42±0.19）μm，茸毛纹饰为长条状。

　　**叶片气孔性状：**气孔为长卵形，气孔器大小为（299.38±20.28）μm²，气孔密度为（250.56±15.26）个/mm²，气孔开度为0.33±0.03，内气孔长为（12.29±1.20）μm，内气孔宽为（4.00±0.14）μm，外气孔长为（22.22±1.34）μm，外气孔宽为（13.54±1.43）μm。

# 九 龙 大 白 茶
## *C. sinensis* 'Jiulong Dabaicha'

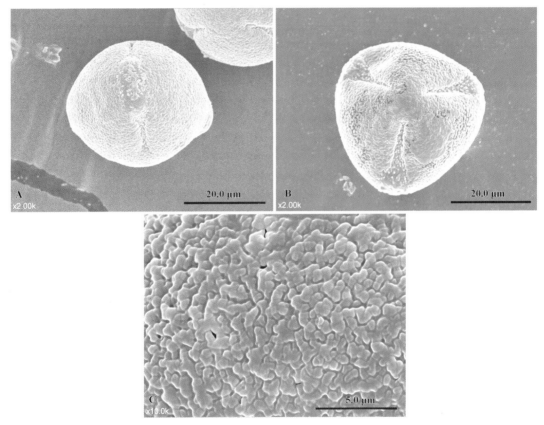

九龙大白茶花粉微形态扫描电镜图

A. 赤道面观　B. 极面观　C. 外壁纹饰

**花粉形态特征：** 花粉为中等花粉，极面观为近三角形，赤道面观为卵圆形，萌发沟为三孔沟，外壁纹饰为粗糙疣状纹饰。

**花粉数据性状：** 极轴长为（32.43±2.77）μm，赤道轴长为（31.24±2.53）μm，花粉大小为（1 009.03±70.15）μm²，花粉形状指数为1.05±0.14，萌发沟长为（19.91±3.68）μm，沟极比为0.70±0.14。

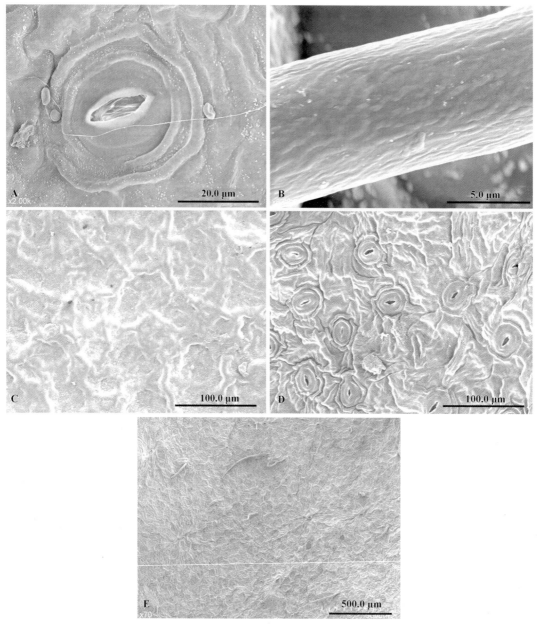

九龙大白茶叶片微形态扫描电镜图
A. 气孔　B. 茸毛　C. 纹饰　D. 气孔整体观　E. 茸毛整体观

**叶片蜡质纹饰：**蜡质纹饰为波浪状。

**叶片茸毛性状：**茸毛长度为（236.81±14.59）μm，茸毛直径为（8.37±1.12）μm，茸毛纹饰为短棒形。

**叶片气孔性状：**气孔为长卵形，气孔器大小为（489.51±2.45）μm²，气孔密度为（152.15±5.07）个/mm²，气孔开度为0.28±0.04，内气孔长为（14.94±1.28）μm，内气孔宽为（4.27±0.71）μm，外气孔长为（26.88±1.56）μm，外气孔宽为（18.21±1.56）μm。

# 福 云 595
## *C. sinensis* 'Fuyun 595'

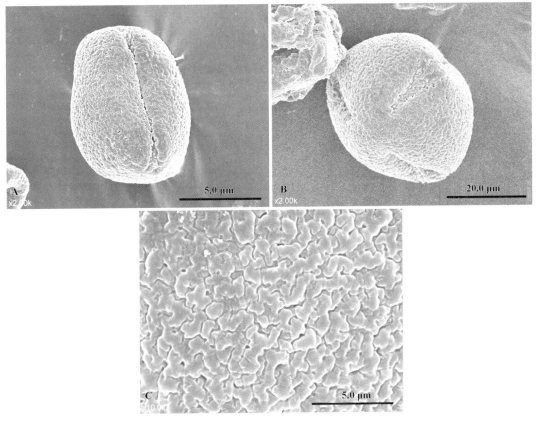

福云 595 花粉微形态扫描电镜图

A. 赤道面观　B. 极面观　C. 外壁纹饰

　　**花粉形态特征：** 花粉为中等花粉，极面观为三裂近三角，赤道面观为长椭圆形，萌发沟为三孔沟，外壁纹饰为光滑疣状纹饰。

　　**花粉数据性状：** 极轴长为（39.57±3.65）μm，赤道轴长为（30.54±2.44）μm，花粉大小为（1 210.81±162.99）μm²，花粉形状指数为 1.30±0.14，萌发沟长为（30.03±4.87）μm，沟极比为 0.77±0.05。

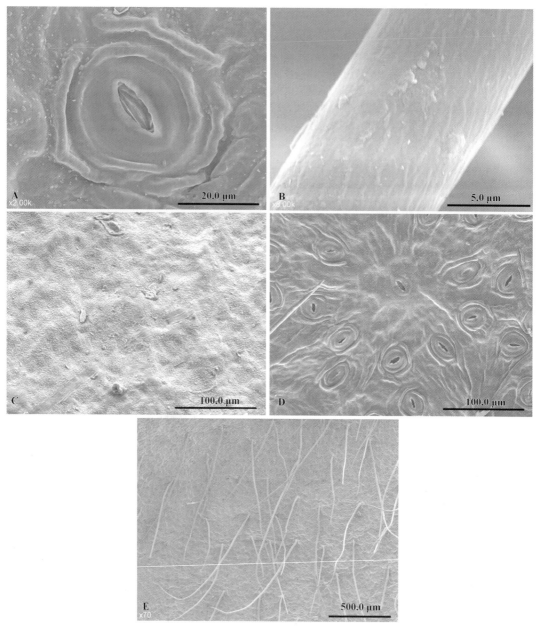

福云 595 叶片微形态扫描电镜图

A. 气孔　B. 茸毛　C. 纹饰　D. 气孔整体观　E. 茸毛整体观

**叶片蜡质纹饰：**蜡质纹饰为平展状。

**叶片茸毛性状：**茸毛长度为（645.70±44.87）$\mu$m，茸毛直径为（9.70±1.03）$\mu$m，茸毛纹饰为短棒状。

**叶片气孔性状：**气孔为长卵形，气孔器大小为（542.12±2.89）$\mu$m²，气孔密度为（189.78±22.23）个/mm²，气孔开度为 0.23±0.05，内气孔长为（17.64±1.85）$\mu$m，内气孔宽为（3.98±0.71）$\mu$m，外气孔长为（28.02±1.56）$\mu$m，外气孔宽为（19.35±1.85）$\mu$m。

# 福 云 20 号
## *C. sinensis* 'Fuyun 20'

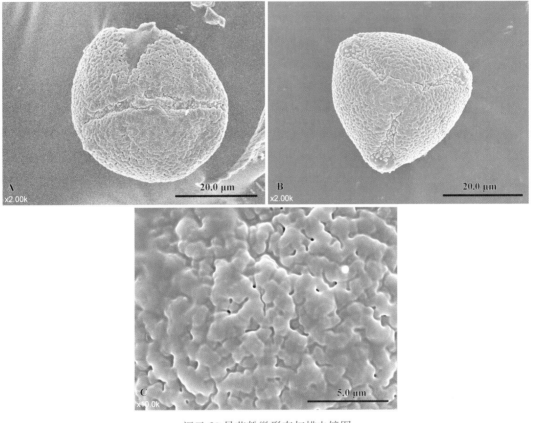

福云 20 号花粉微形态扫描电镜图
A. 赤道面观　B. 极面观　C. 外壁纹饰

**花粉形态特征：** 花粉为中等花粉，极面观为近三角形，赤道面观为纺锤形，萌发沟为拟三孔沟，外壁纹饰为粗糙疣状纹饰。

**花粉数据性状：** 极轴长为（33.33±2.28）μm，赤道轴长为（31.19±4.23）μm，花粉大小为（1 039.66±159.11）μm²，花粉形状指数为 1.09±0.20，萌发沟长为（21.08±5.74）μm，沟极比为 0.67±0.16。

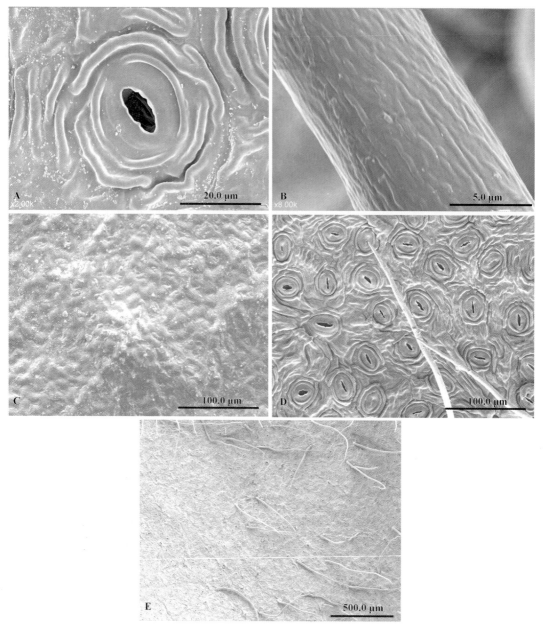

福云 20 号叶片微形态扫描电镜图

A. 气孔　B. 茸毛　C. 纹饰　D. 气孔整体观　E. 茸毛整体观

**叶片蜡质纹饰：**蜡质纹饰为平展状。

**叶片茸毛性状：**茸毛长度为（445.32±54.68）$\mu$m，茸毛直径为（8.59±1.23）$\mu$m，茸毛纹饰为短棒形。

**叶片气孔性状：**气孔为长卵形，气孔器大小为（418.97±1.70）$\mu$m$^2$，气孔密度为（356.45±14.28）个/mm$^2$，气孔开度为 0.34±0.06，内气孔长为（15.50±0.85）$\mu$m，内气孔宽为（5.26±0.85）$\mu$m，外气孔长为（24.75±1.71）$\mu$m，外气孔宽为（16.93±1.00）$\mu$m。

# 早　逢　春
## *C. sinensis* 'Zaofengchun'

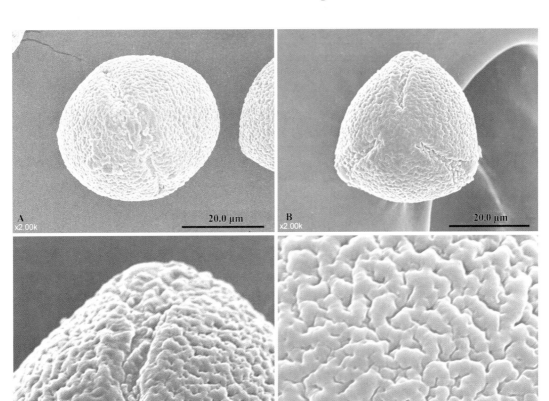

早逢春花粉微形态扫描电镜图

A. 赤道面观　B. 极面观　C. 萌发沟　D. 外壁纹饰

　　**花粉形态特征：**花粉为中等花粉，极面观为近三角形，赤道面观为近圆形，萌发沟为拟三孔沟，外壁纹饰为光滑疣状纹饰。

　　**花粉数据性状：**极轴长为（32.83±3.04）μm，赤道轴长为（33.88±2.78）μm，花粉大小为（1 110.87±119.23）μm²，花粉形状指数为 0.98±0.13，萌发沟长为（27.15±3.08）μm，沟极比为 0.85±0.04。

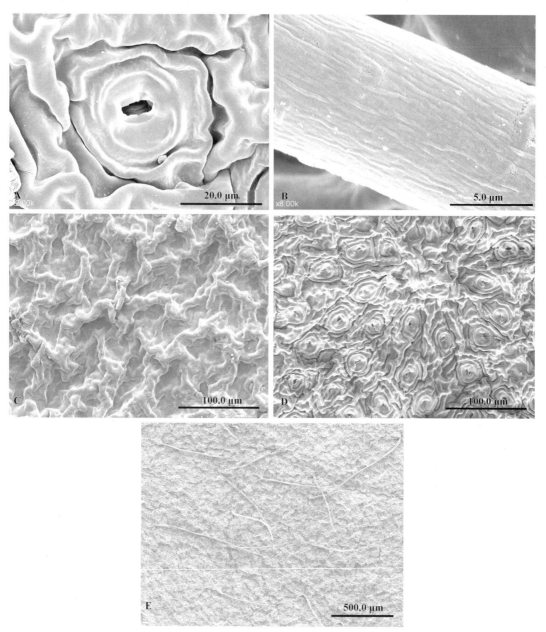

早逢春叶片微形态扫描电镜图
A. 气孔　B. 茸毛　C. 纹饰　D. 气孔整体观　E. 茸毛整体观

**叶片蜡质纹饰：**蜡质纹饰为皱脊状。

**叶片茸毛性状：**茸毛长度为（431.98±15.27）μm，茸毛直径为（8.42±0.19）μm，茸毛纹饰为长条状。

**叶片气孔性状：**气孔为长卵形，气孔器大小为（299.38±20.28）μm²，气孔密度为（250.56±15.26）个/mm²，气孔开度为0.33±0.03，内气孔长为（12.29±1.20）μm，内气孔宽为（4.00±0.14）μm，外气孔长为（22.22±1.34）μm，外气孔宽为（13.54±1.43）μm。

# 紫　玫　瑰
## *C. sinensis* 'Zimeigui'

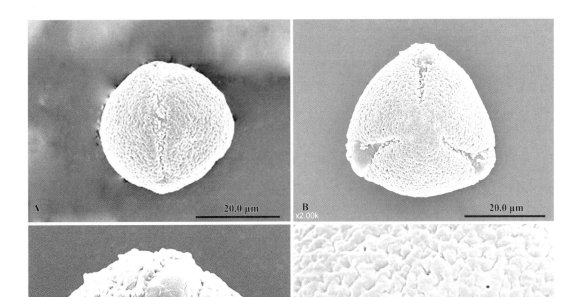

紫玫瑰花粉微形态扫描电镜图

A. 赤道面观　B. 极面观　C. 萌发沟　D. 外壁纹饰

**花粉形态特征：**花粉为中等花粉，极面观为三裂近三角，赤道面观为近球形，萌发沟为三孔沟，外壁纹饰为疣状纹饰。

**花粉数据性状：**极轴长为（34.21±1.42）μm，赤道轴长为（34.08±1.71）μm，花粉大小为（1 166.93±91.90）μm²，花粉形状指数为 1.00±0.05，萌发沟长为（31.54±2.23）μm，沟极比为 0.92±0.07。

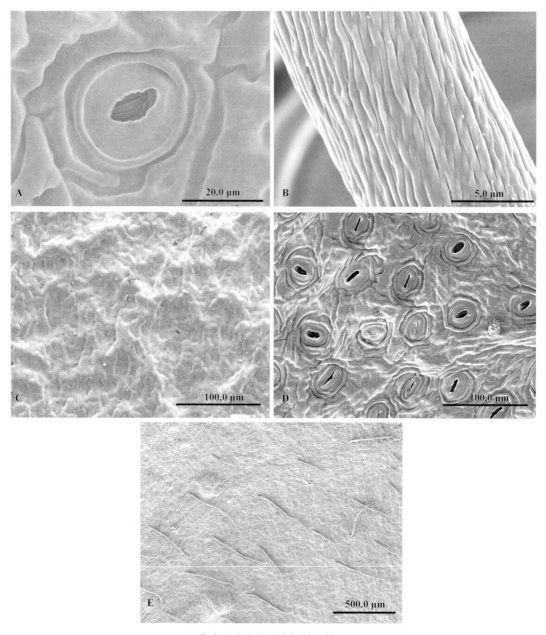

紫玫瑰叶片微形态扫描电镜图

A. 气孔　B. 茸毛　C. 纹饰　D. 气孔整体观　E. 茸毛整体观

**叶片蜡质纹饰：**蜡质纹饰为皱脊状。

**叶片茸毛性状：**茸毛长度为（431.98±15.27）μm，茸毛直径为（8.42±0.19）μm，茸毛纹饰为长条状。

**叶片气孔性状：**气孔为长卵形，气孔器大小为（299.38±20.28）μm²，气孔密度为（250.56±15.26）个/mm²，气孔开度为0.33±0.03，内气孔长为（12.29±1.20）μm，内气孔宽为（4.00±0.14）μm，外气孔长为（22.22±1.34）μm，外气孔宽为（13.54±1.43）μm。

# 春　闺
## *C. sinensis* 'Chungui'

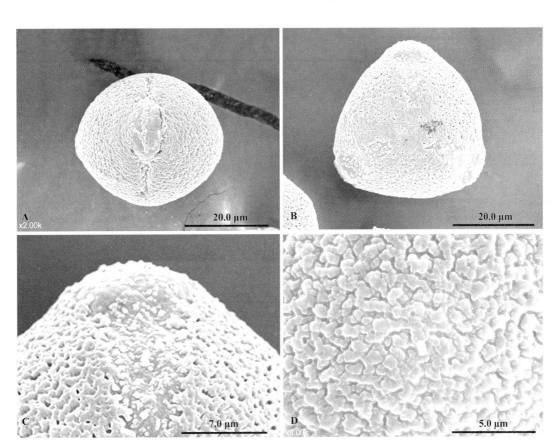

春闺花粉微形态扫描电镜图
A. 赤道面观　B. 极面观　C. 萌发沟　D. 外壁纹饰

**花粉形态特征：**花粉为中等花粉，极面观为三裂近三角，赤道面观为近球形，萌发沟为三孔沟，外壁纹饰为疣状纹饰。

**花粉数据性状：**极轴长为（33.51±1.81）μm，赤道轴长为（34.22±2.08）μm，花粉大小为（1 148.58±117.36）μm²，花粉形状指数为0.98±0.06，萌发沟长为（29.56±1.31）μm，沟极比为0.87±0.06。

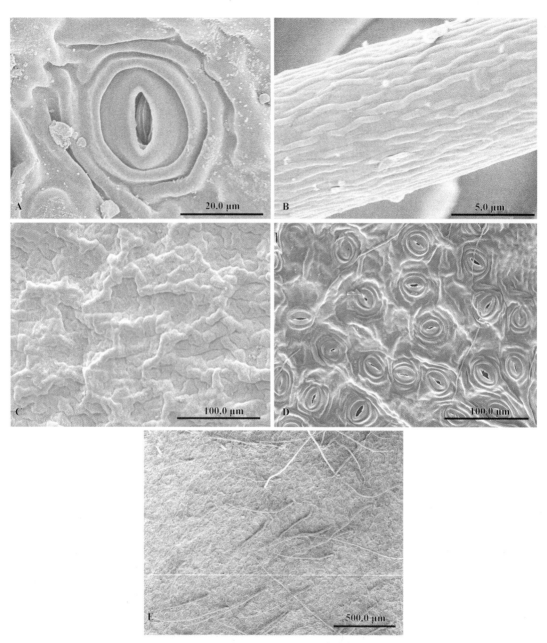

春闰叶片微形态扫描电镜图

A. 气孔　B. 茸毛　C. 纹饰　D. 气孔整体观　E. 茸毛整体观

　　**叶片蜡质纹饰：**蜡质纹饰为皱脊状。

　　**叶片茸毛性状：**茸毛长度为（492.37±9.47）μm，茸毛直径为（7.50±0.09）μm，茸毛纹饰为短棒状。

　　**叶片气孔性状：**气孔为长卵形，气孔器大小为（419.96±51.67）μm²，气孔密度为（183.42±13.16）个/mm²，气孔开度为0.33±0.03，内气孔长为（13.20±2.50）μm，内气孔宽为（4.34±0.14）μm，外气孔长为（23.35±1.61）μm，外气孔宽为（17.99±1.43）μm。

# 凤　圆　春
## *C. sinensis* 'Fengyuanchun'

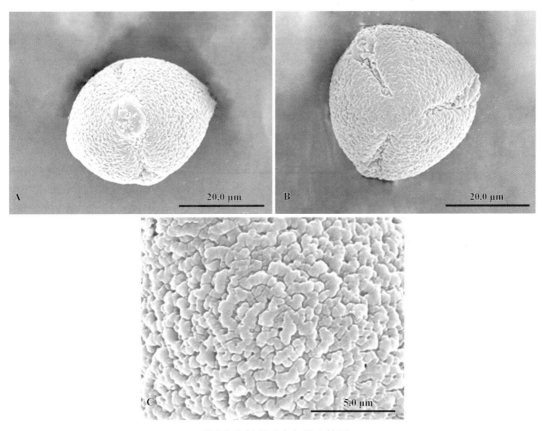

凤圆春花粉微形态扫描电镜图

A. 赤道面观　B. 极面观　C. 外壁纹饰

　　**花粉形态特征**：花粉为中等花粉，极面观为三裂近三角，赤道面观为近球形，萌发沟为三孔沟，外壁纹饰为疣状纹饰。

　　**花粉数据性状**：极轴长为（31.49±1.28）μm，赤道轴长为（33.63±1.95）μm，花粉大小为（1 060.64±94.36）μm²，花粉形状指数为0.94±0.04，萌发沟长为（28.8±1.16）μm，沟极比为0.92±0.07。

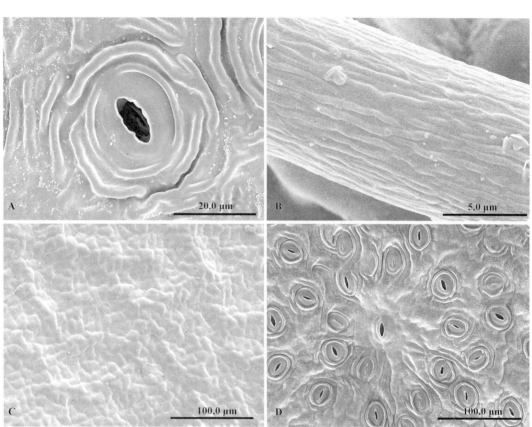

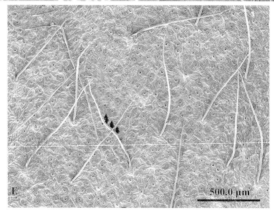

凤圆春叶片微形态扫描电镜图

A. 气孔　B. 茸毛　C. 纹饰　D. 气孔整体观　E. 茸毛整体观

　　**叶片蜡质纹饰**：蜡质纹饰为皱脊状。

　　**叶片茸毛性状**：茸毛长度为（431.98±15.27）$\mu$m，茸毛直径为（8.42±0.19）$\mu$m，茸毛纹饰为长条状。

　　**叶片气孔性状**：气孔为长卵形，气孔器大小为（299.38±20.28）$\mu$m$^2$，气孔密度为（250.56±15.26）个/mm$^2$，气孔开度为0.33±0.03，内气孔长为（12.29±1.20）$\mu$m，内气孔宽为（4.00±0.14）$\mu$m，外气孔长为（22.22±1.34）$\mu$m，外气孔宽为（13.54±1.43）$\mu$m。

# 杏　仁　茶
## *C. sinensis* 'Xingrencha'

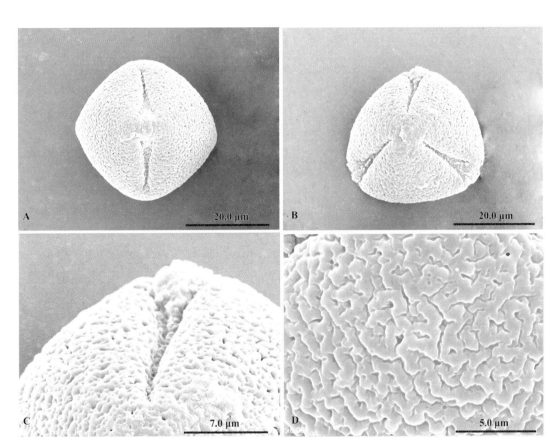

杏仁茶花粉微形态扫描电镜图

A. 赤道面观　B. 极面观　C. 萌发沟　D. 外壁纹饰

　　**花粉形态特征**：花粉为中等花粉，极面观为三裂近圆形，赤道面观为近球形，萌发沟为三孔沟，外壁纹饰为拟网状纹饰。

　　**花粉数据性状**：极轴长为（36.83±1.43）μm，赤道轴长为（33.44±1.34）μm，花粉大小为（1 232.04±95.34）μm²，花粉形状指数为1.1，萌发沟长为（31.43±2.47）μm，沟极比为0.76。

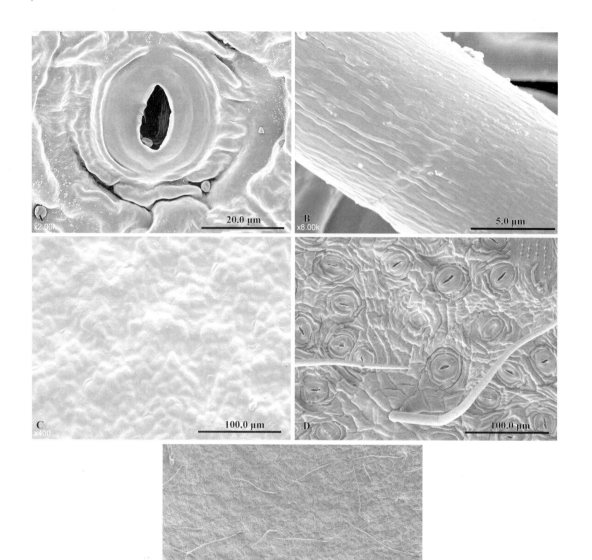

杏仁茶叶片微形态扫描电镜图

A. 气孔　B. 茸毛　C. 纹饰　D. 气孔整体观　E. 茸毛整体观

**叶片蜡质纹饰：**蜡质纹饰为皱脊状。

**叶片茸毛性状：**茸毛长度为（526.24±28.47）μm，茸毛直径为（11.22±1.31）μm，茸毛纹饰为平滑状。

**叶片气孔性状：**气孔为长卵形，气孔器大小为（380.14±36.34）μm²，气孔密度为（227.66±22.48）个/mm²，气孔开度为0.26±0.04，内气孔长为（15.95±2.28）μm，内气孔宽为（4.14±0.46）μm，外气孔长为（24.81±1.81）μm，外气孔宽为（15.32±0.44）μm。

# 金　萱
## *C. sinensis* 'Jinxuan'

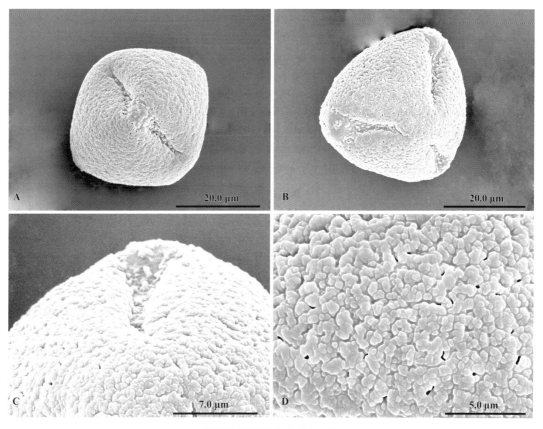

金萱花粉微形态扫描电镜图
A. 赤道面观　B. 极面观　C. 萌发沟　D. 外壁纹饰

　　**花粉形态特征：**花粉为中等花粉，极面观为三裂近三角，赤道面观为近球形，萌发沟为三孔沟，外壁纹饰为疣状纹饰。

　　**花粉数据性状：**极轴长为（34.45±1.31）μm，赤道轴长为（31.07±0.51）μm，花粉大小为（1 027.92±89.42）μm²，花粉形状指数为 1.07，萌发沟长为（30.42±0.43）μm，沟极比为 0.74。

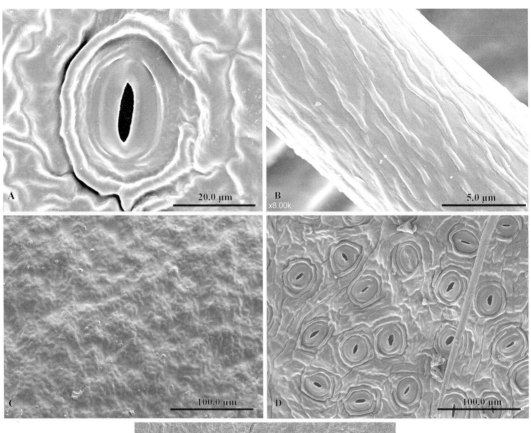

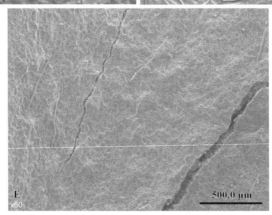

金萱叶片微形态扫描电镜图
A. 气孔　B. 茸毛　C. 纹饰　D. 气孔整体观　E. 茸毛整体观

**叶片蜡质纹饰**：蜡质纹饰为平展状。

**叶片茸毛性状**：茸毛长度为（513.44±55.50）$\mu m$，茸毛直径为（10.46±0.85）$\mu m$，茸毛纹饰为短棒状。

**叶片气孔性状**：气孔为长卵形，气孔器大小为（346.24±33.06）$\mu m^2$，气孔密度为（315.68±13.97）个/$mm^2$，气孔开度为0.23±0.03，内气孔长为（13.58±2.44）$\mu m$，内气孔宽为（3.12±0.16）$\mu m$，外气孔长为（24.50±1.81）$\mu m$，外气孔宽为（14.13±0.80）$\mu m$。

# 翠　玉
## *C. sinensis* 'Cuiyu'

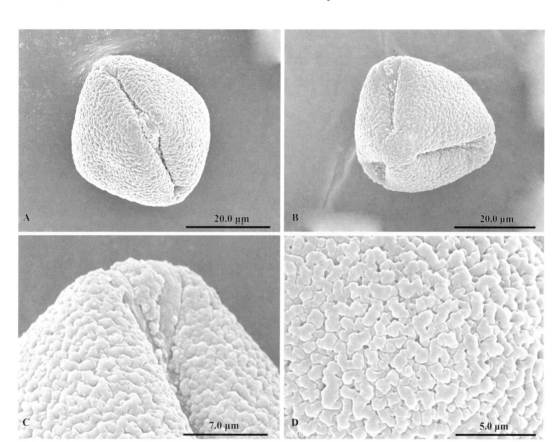

翠玉花粉微形态扫描电镜图

A. 赤道面观　B. 极面观　C. 萌发沟　D. 外壁纹饰

**花粉形态特征：**花粉为中等花粉，极面观为三裂近三角，赤道面观为近球形，萌发沟为三孔沟，外壁纹饰为疣状纹饰。

**花粉数据性状：**极轴长为（34.45±1.31）μm，赤道轴长为（31.07±0.51）μm，花粉大小为（1 069.93±115.02）μm²，花粉形状指数为 1.11，萌发沟长为（26.36±1.27）μm，沟极比为 0.69。

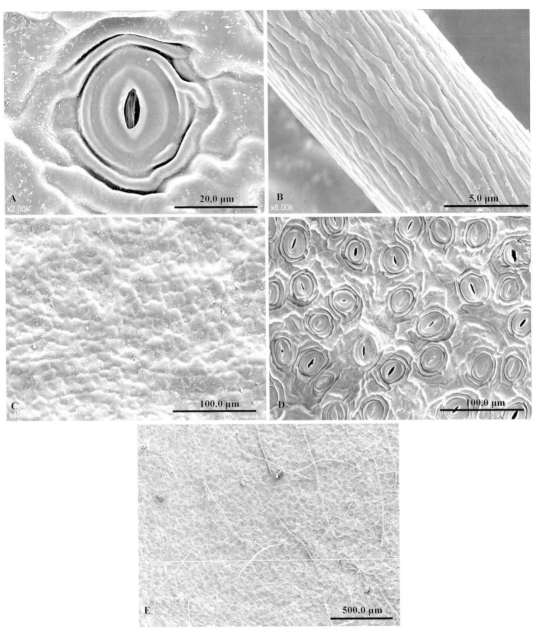

翠玉叶片微形态扫描电镜图

A. 气孔　B. 茸毛　C. 纹饰　D. 气孔整体观　E. 茸毛整体观

**叶片蜡质纹饰**：蜡质纹饰为平展状。

**叶片茸毛性状**：茸毛长度为（449.37±27.80）$\mu m$，茸毛直径为（11.64±1.14）$\mu m$，茸毛纹饰为长条状。

**叶片气孔性状**：气孔为长卵形，气孔器大小为（357.37±32.33）$\mu m^2$，气孔密度为（228.59±20.63）个/$mm^2$，气孔开度为0.35±0.02，内气孔长为（13.88±2.33）$\mu m$，内气孔宽为（4.81±0.92）$\mu m$，外气孔长为（23.59±1.73）$\mu m$，外气孔宽为（15.15±0.25）$\mu m$。

# 龙　井　种
## *C. sinensis* 'Longjingzhong'

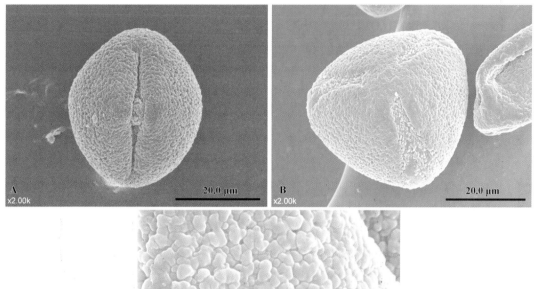

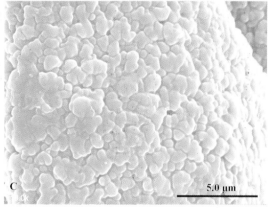

龙井种花粉微形态扫描电镜图

A. 赤道面观　B. 极面观　C. 外壁纹饰

**花粉形态特征**：花粉为中等花粉，极面观为近三角形，赤道面观为长椭圆形，萌发沟为三孔沟，外壁纹饰为粗糙疣状纹饰。

**花粉数据性状**：极轴长为（41.59±3.89）$\mu m$，赤道轴长为（30.78±3.05）$\mu m$，花粉大小为（1 288.94±217.74）$\mu m^2$，花粉形状指数为 1.36±0.12，萌发沟长为（30.62±9.49）$\mu m$，沟极比为 0.73±0.19。

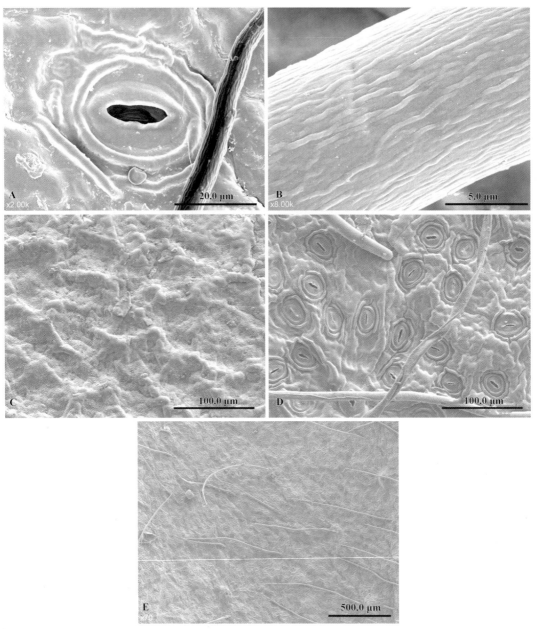

龙井种叶片微形态扫描电镜图

A. 气孔　B. 茸毛　C. 纹饰　D. 气孔整体观　E. 茸毛整体观

**叶片蜡质纹饰**：蜡质纹饰为波浪状。

**叶片茸毛性状**：茸毛长度为（601.23±12.91）μm，茸毛直径为（9.52±1.58）μm，茸毛纹饰为短棒形。

**叶片气孔性状**：气孔为长卵形，气孔器大小为（705.25±22.66）μm²，气孔密度为（286.56±11.69）个/mm²，气孔开度为0.42±0.13，内气孔长为（23.61±8.82）μm，内气孔宽为（9.39±2.84）μm，外气孔长为（1.58±7.97）μm，外气孔宽为（22.33±2.84）μm。

# 白 叶 1 号
## *C. sinensis* 'Baiye 1'

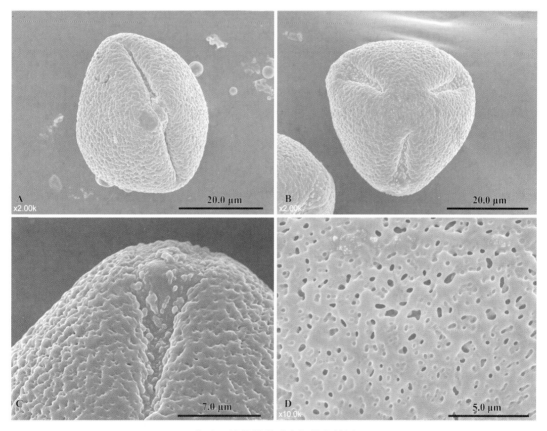

白叶 1 号花粉微形态扫描电镜图

A. 赤道面观 B. 极面观 C. 萌发沟 D. 外壁纹饰

**花粉形态特征**：花粉为中等花粉，极面观为近三角形，赤道面观为近圆形，萌发沟为拟三孔沟，外壁纹饰为拟网状纹饰。

**花粉数据性状**：极轴长为（35.47±1.45）μm，赤道轴长为（34.00±2.18）μm，花粉大小为（1 201.71±55.45）μm²，花粉形状指数为 1.05±0.10，萌发沟长为（25.94±5.30）μm，沟极比为 0.71±0.14。

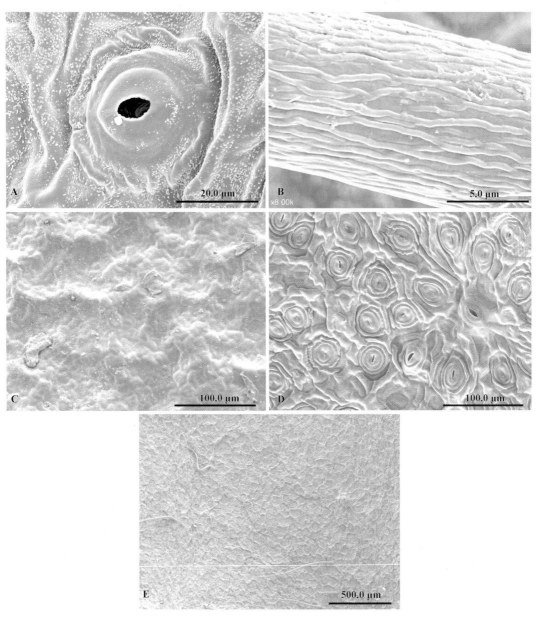

白叶 1 号叶片微形态扫描电镜图
A. 气孔　B. 茸毛　C. 纹饰　D. 气孔整体观　E. 茸毛整体观

　　**叶片蜡质纹饰：**蜡质纹饰为波浪状。

　　**叶片茸毛性状：**茸毛长度为（350.05±88.95）μm，茸毛直径为（10.45±0.82）μm，茸毛纹饰为短棒形。

　　**叶片气孔性状：**气孔为长卵形，气孔器大小为（479.03±6.05）μm²，气孔密度为（300.54±6.56）个/mm²，气孔开度为0.41±0.11，内气孔长为（13.09±3.41）μm，内气孔宽为（5.12±1.00）μm，外气孔长为（25.32±3.27）μm，外气孔宽为（18.92±1.85）μm。

# 嘉茗 1 号（乌牛早）
# *C. sinensis* 'Jiaming 1'（Wuniuzao）

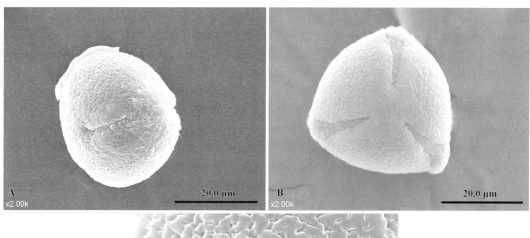

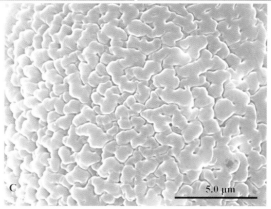

嘉茗 1 号（乌牛早）花粉微形态扫描电镜图
A. 赤道面观　B. 极面观　C. 外壁纹饰

　　**花粉形态特征：**花粉为中等花粉，极面观为近三角形，赤道面观为卵圆形，萌发沟为拟三孔沟，外壁纹饰为光滑疣状纹饰。

　　**花粉数据性状：**极轴长为（29.05±2.00）μm，赤道轴长为（34.40±1.93）μm，花粉大小为（1 002.15±119.05）μm²，花粉形状指数为 0.84±0.04，萌发沟长为（27.79±2.18）μm，沟极比为 0.69±0.04。

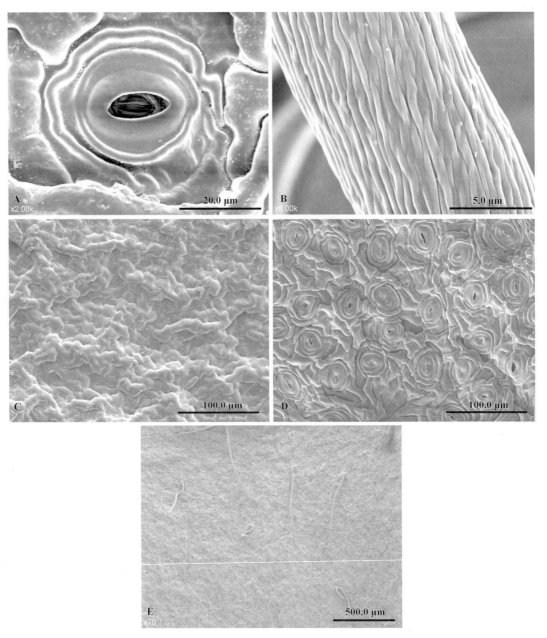

嘉茗1号（乌牛早）叶片微形态扫描电镜图

A. 气孔　B. 茸毛　C. 纹饰　D. 气孔整体观　E. 茸毛整体观

**叶片蜡质纹饰：**蜡质纹饰为波浪状。

**叶片茸毛性状：**茸毛长度为（371.38±35.53）$\mu m$，茸毛直径为（10.63±0.57）$\mu m$，茸毛纹饰为长条纹形。

**叶片气孔性状：**气孔为长卵形，气孔器大小为（434.07±2.55）$\mu m^2$，气孔密度为（358.60±23.66）个/$mm^2$，气孔开度为0.32±0.09，内气孔长为（12.09±2.70）$\mu m$，内气孔宽为（3.70±1.28）$\mu m$，外气孔长为（24.61±2.99）$\mu m$，外气孔宽为（17.64±0.85）$\mu m$。

# 湘 波 绿
## *C. sinensis* 'Xiangbolv'

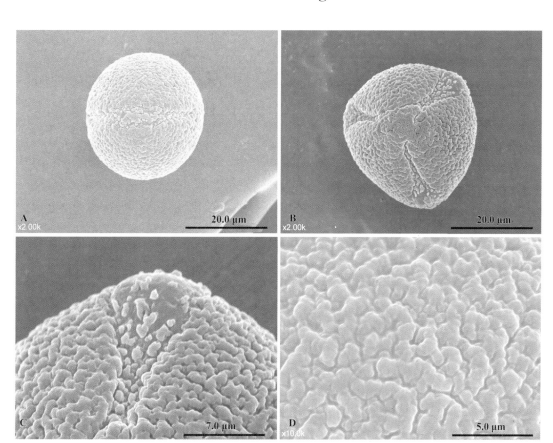

湘波绿花粉微形态扫描电镜图

A. 赤道面观 B. 极面观 C. 萌发沟 D. 外壁纹饰

**花粉形态特征**：花粉为中等花粉，极面观为近三角形，赤道面观为近圆形，萌发沟为拟三孔沟，外壁纹饰为粗糙疣状纹饰。

**花粉数据性状**：极轴长为（32.83±3.30）μm，赤道轴长为（31.61±4.44）μm，花粉大小为（1 022.64±168.90）μm²，花粉形状指数为 1.05±0.25，萌发沟长为（23.47±3.02）μm，沟极比为 0.75±0.11。

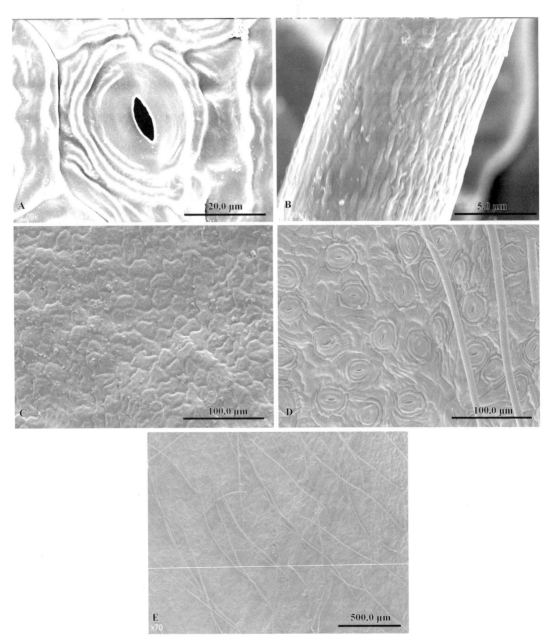

湘波绿叶片微形态扫描电镜图

A. 气孔　B. 茸毛　C. 纹饰　D. 气孔整体观　E. 茸毛整体观

**叶片蜡质纹饰：**蜡质纹饰为平展状。

**叶片茸毛性状：**茸毛长度为（694.47±23.15）$\mu m$，茸毛直径为（9.10±1.53）$\mu m$，茸毛纹饰为短棒形。

**叶片气孔性状：**气孔为长卵形，气孔器大小为（431.56±3.64）$\mu m^2$，气孔密度为（310.60±34.99）个/$mm^2$，气孔开度为0.37±0.06，内气孔长为（12.94±1.42）$\mu m$，内气孔宽为（4.84±0.71）$\mu m$，外气孔长为（24.47±2.84）$\mu m$，外气孔宽为（17.64±1.28）$\mu m$。

# 古 蔺 牛 皮 茶
## *C. sinensis* 'Gulin Niupicha'

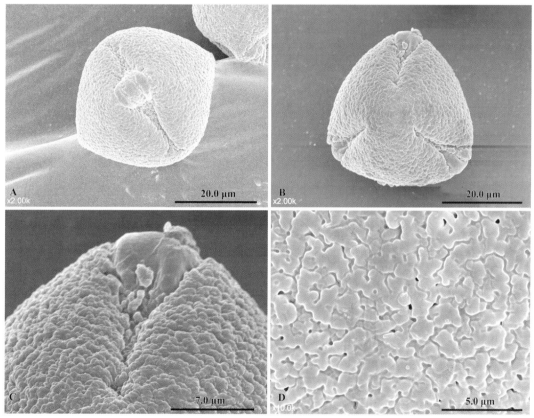

古蔺牛皮茶花粉微形态扫描电镜图
A. 赤道面观 B. 极面观 C. 萌发沟 D. 外壁纹饰

**花粉形态特征：**花粉为中等花粉，极面观为近三角形，赤道面观为近圆形，萌发沟为拟三孔沟，外壁纹饰为拟网状纹饰。

**花粉数据性状：**极轴长为（35.70±3.27）μm，赤道轴长为（32.64±3.26）μm，花粉大小为（1 157.82±101.02）μm²，花粉形状指数为1.11±0.20，萌发沟长为（30.17±5.03）μm，沟极比为0.81±0.07。

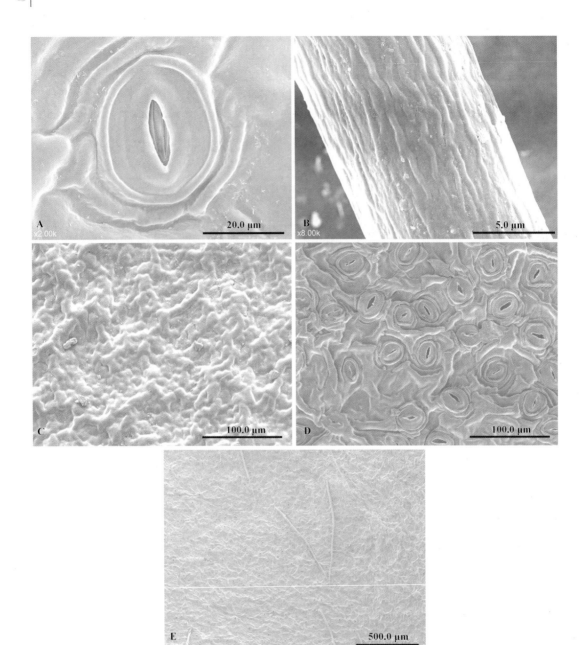

古蔺牛皮茶叶片微形态扫描电镜图

A. 气孔　B. 茸毛　C. 纹饰　D. 气孔整体观　E. 茸毛整体观

**叶片蜡质纹饰：**蜡质纹饰为平展状。

**叶片茸毛性状：**茸毛长度为（402.22±19.34）$\mu$m，茸毛直径为（9.95±0.61）$\mu$m，茸毛纹饰为短棒形。

**叶片气孔性状：**气孔为长卵形，气孔器大小为（584.87±4.82）$\mu$m$^2$，气孔密度为（256.68±38.51）个/mm$^2$，气孔开度为0.35±0.05，内气孔长为（17.21±1.42）$\mu$m，内气孔宽为（5.97±1.14）$\mu$m，外气孔长为（29.16±2.42）$\mu$m，外气孔宽为（20.06±1.99）$\mu$m。

# 第三节　地方茶树种质花粉叶片微形态图谱

## 铁　罗　汉
### *C. sinensis* 'Tieluohan'

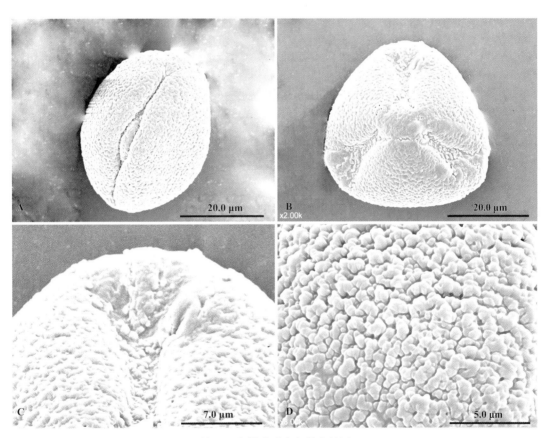

铁罗汉花粉微形态扫描电镜图

A. 赤道面观　B. 极面观　C. 萌发沟　D. 外壁纹饰

**花粉形态特征**：花粉为中等花粉，极面观为三裂近三角，赤道面观为近球形，萌发沟为三孔沟，外壁纹饰为疣状纹饰。

**花粉数据性状**：极轴长为（35.74±1.40）μm，赤道轴长为（33.12±1.26）μm，花粉大小为（1 183.21±68.45）μm²，花粉形状指数为1.08，萌发沟长为（28.90±2.22）μm，沟极比为0.70。

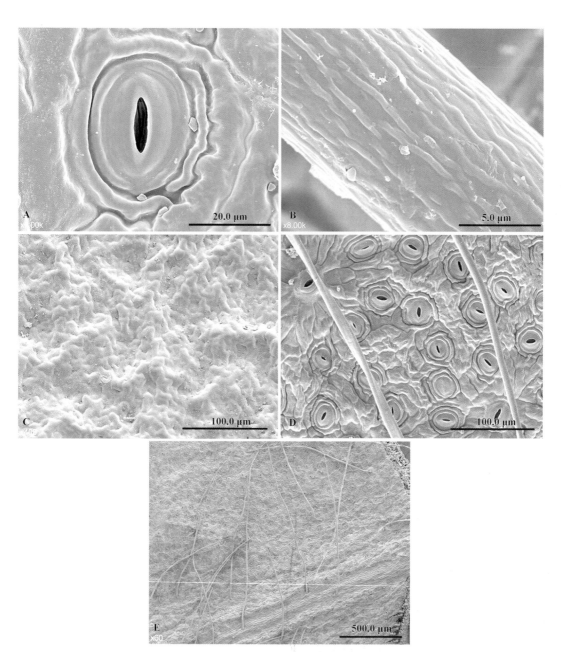

铁罗汉叶片微形态扫描电镜图

A. 气孔　B. 茸毛　C. 纹饰　D. 气孔整体观　E. 茸毛整体观

**叶片蜡质纹饰：**蜡质纹饰为波浪状。

**叶片茸毛性状：**茸毛长度为（692.93±60.02）μm，茸毛直径为（10.43±0.91）μm，茸毛纹饰为短棒状。

**叶片气孔性状：**气孔为长卵形，气孔器大小为（303.98±42.18）μm²，气孔密度为（235.94±22.08）个/mm²，气孔开度为0.30±0.03，内气孔长为（12.41±3.40）μm，内气孔宽为（3.68±0.59）μm，外气孔长为（21.80±1.88）μm，外气孔宽为（13.94±0.33）μm。

# 水 金 龟
## *C. sinensis* 'Shuijingui'

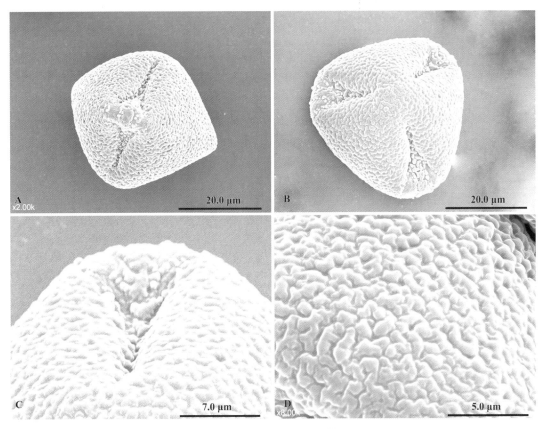

水金龟花粉微形态扫描电镜图

A. 赤道面观　B. 极面观　C. 萌发沟　D. 外壁纹饰

　　**花粉形态特征：** 花粉为中等花粉，极面观为三裂近三角，赤道面观为长球形，萌发沟为三孔沟，外壁纹饰为疣状纹饰。

　　**花粉数据性状：** 极轴长为（38.34±2.56）μm，赤道轴长为（32.38±2.20）μm，花粉大小为（1 240.06±79.35）μm²，花粉形状指数为1.19，萌发沟长为（28.90±1.48）μm，沟极比为0.71。

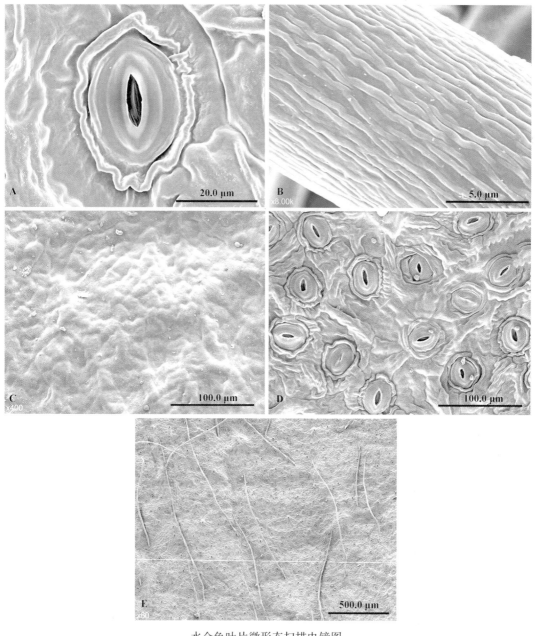

水金龟叶片微形态扫描电镜图

A. 气孔　B. 茸毛　C. 纹饰　D. 气孔整体观　E. 茸毛整体观

**叶片蜡质纹饰：** 蜡质纹饰为波浪状。

**叶片茸毛性状：** 茸毛长度为（277.99±23.83）μm，茸毛直径为（12.70±0.81）μm，茸毛纹饰为短棒状。

**叶片气孔性状：** 气孔为长卵形，气孔器大小为（519.72±41.88）μm²，气孔密度为（160.02±25.16）个/mm²，气孔开度为0.28±0.06，内气孔长为（15.23±4.75）μm，内气孔宽为（4.29±0.28）μm，外气孔长为（34.62±1.98）μm，外气孔宽为（15.01±1.29）μm。

# 小　红　袍
## *C. sinensis* 'Xiaohongpao'

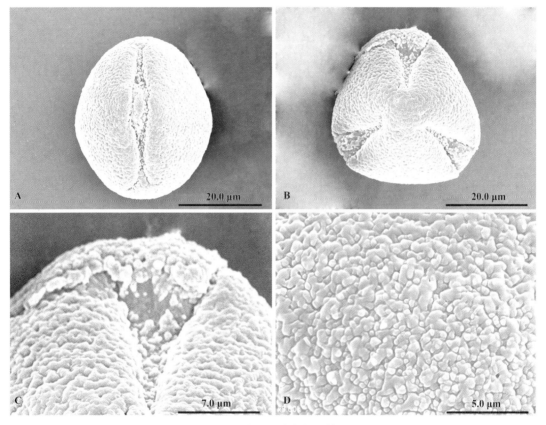

小红袍花粉微形态扫描电镜图
A. 赤道面观　B. 极面观　C. 萌发沟　D. 外壁纹饰

　　**花粉形态特征：**花粉为中等花粉，极面观为三裂近三角，赤道面观为长球形，萌发沟为三孔沟，外壁纹饰为疣状纹饰。

　　**花粉数据性状：**极轴长为（38.41±1.75）μm，赤道轴长为（32.38±0.92）μm，花粉大小为（1 242.97±96.34）μm²，花粉形状指数为 1.19，萌发沟长为（30.16±2.10）μm，沟极比为 0.76。

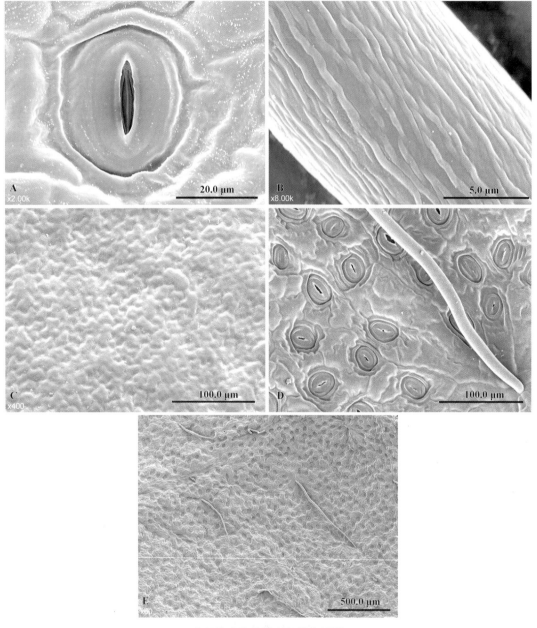

小红袍叶片微形态扫描电镜图

A. 气孔　B. 茸毛　C. 纹饰　D. 气孔整体观　E. 茸毛整体观

**叶片蜡质纹饰**：蜡质纹饰为平展状。

**叶片茸毛性状**：茸毛长度为（554.49±19.51）μm，茸毛直径为（12.10±0.94）μm，茸毛纹饰为短棒状。

**叶片气孔性状**：气孔为长卵形，气孔器大小为（368.42±39.65）μm²，气孔密度为（228.59±50.73）个/mm²，气孔开度为0.25±0.01，内气孔长为（14.88±2.67）μm，内气孔宽为（3.68±0.09）μm，外气孔长为（24.38±1.92）μm，外气孔宽为（15.11±1.10）μm。

# 向　天　梅
## *C. sinensis* 'Xiangtianmei'

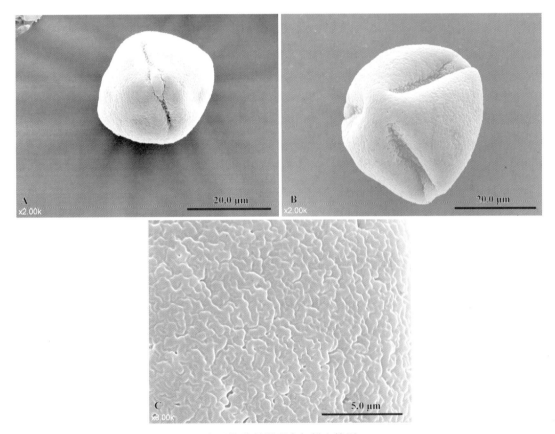

向天梅花粉微形态扫描电镜图

A. 赤道面观　B. 极面观　C. 外壁纹饰

　　**花粉形态特征：** 花粉为中等花粉，极面观为近三角形，赤道面观为卵圆形，萌发沟为拟三孔沟，外壁纹饰为光滑疣状纹饰。

　　**花粉数据性状：** 极轴长为（33.21±3.14）$\mu$m，赤道轴长为（35.07±0.21）$\mu$m，花粉大小为（1 164.89±112.91）$\mu$m²，花粉形状指数为0.95±0.09，萌发沟长为（32.02±5.03）$\mu$m，沟极比为0.73±0.07。

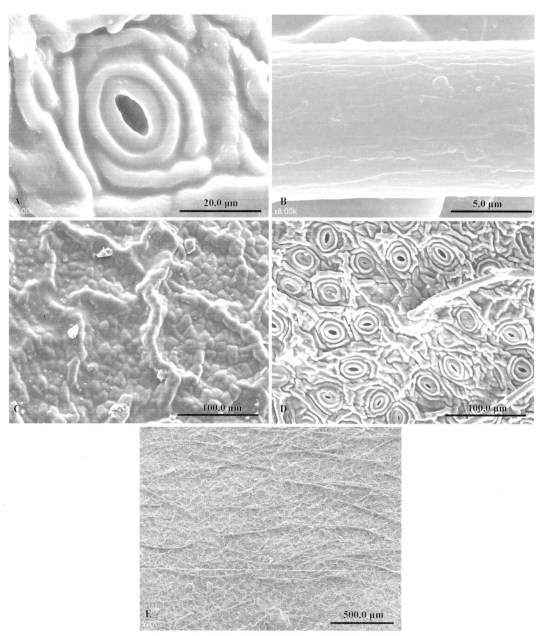

向天梅叶片微形态扫描电镜图

A. 气孔　B. 茸毛　C. 纹饰　D. 气孔整体观　E. 茸毛整体观

**叶片蜡质纹饰：**蜡质纹饰为皱脊状。

**叶片茸毛性状：**茸毛长度为（431.98±15.27）$\mu m$，茸毛直径为（8.42±0.19）$\mu m$，茸毛纹饰为长条状。

**叶片气孔性状：**气孔为长卵形，气孔器大小为（299.38±20.28）$\mu m^2$，气孔密度为（250.56±15.26）个/$mm^2$，气孔开度为0.33±0.03，内气孔长为（12.29±1.20）$\mu m$，内气孔宽为（4.00±0.14）$\mu m$，外气孔长为（22.22±1.34）$\mu m$，外气孔宽为（13.54±1.43）$\mu m$。

# 高 脚 乌 龙
## *C. sinensis* 'Gaojiaowulong'

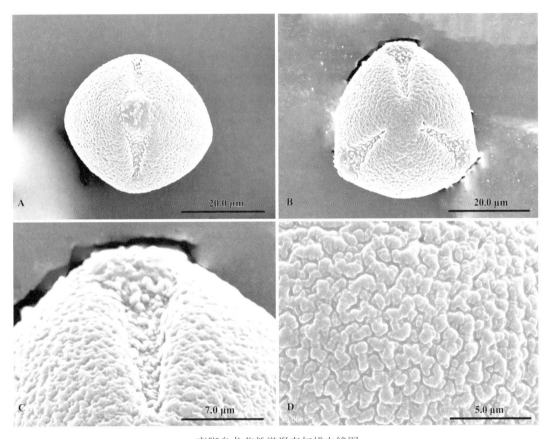

高脚乌龙花粉微形态扫描电镜图

A. 赤道面观　B. 极面观　C. 萌发沟　D. 外壁纹饰

　　**花粉形态特征：** 花粉为中等花粉，极面观为三裂近圆形，赤道面观为近球形，萌发沟为三孔沟，外壁纹饰为疣状纹饰。

　　**花粉数据性状：** 极轴长为（38.97±0.48）μm，赤道轴长为（39.24±0.47）μm，花粉大小为（1 529.19±130.14）μm²，花粉形状指数为 0.99，萌发沟长为（25.10±0.81）μm，沟极比为 0.74。

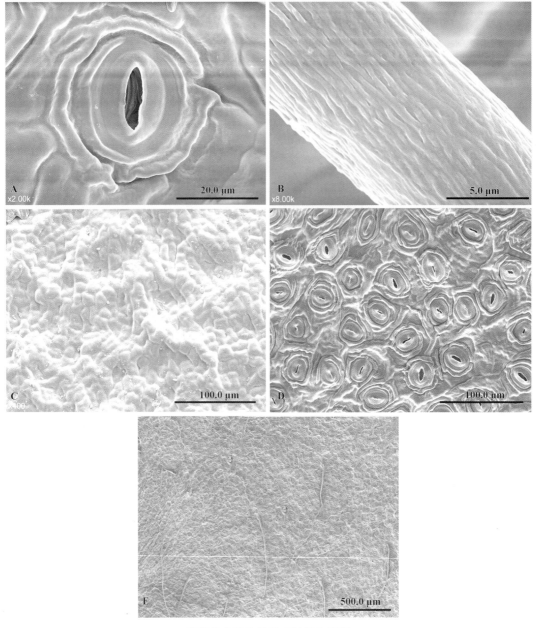

高脚乌龙叶片微形态扫描电镜图

A. 气孔  B. 茸毛  C. 纹饰  D. 气孔整体观  E. 茸毛整体观

**叶片蜡质纹饰**：蜡质纹饰为皱脊状。

**叶片茸毛性状**：茸毛长度为（431.98±15.27）$\mu m$，茸毛直径为（8.42±0.19）$\mu m$，茸毛纹饰为长条状。

**叶片气孔性状**：气孔为长卵形，气孔器大小为（299.38±20.28）$\mu m^2$，气孔密度为（250.56±15.26）个/$mm^2$，气孔开度为0.33±0.03，内气孔长为（12.29±1.20）$\mu m$，内气孔宽为（4.00±0.14）$\mu m$，外气孔长为（22.22±1.34）$\mu m$，外气孔宽为（13.54±1.43）$\mu m$。

# 软 枝 乌 龙

## *C. sinensis* 'Ruanzhiwulong'

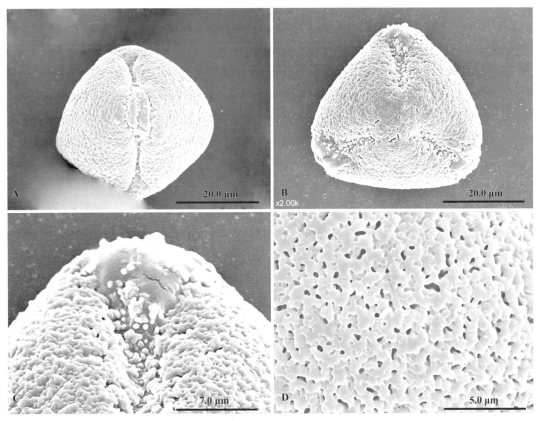

软枝乌龙花粉微形态扫描电镜图

A. 赤道面观　B. 极面观　C. 萌发沟　D. 外壁纹饰

　　**花粉形态特征：**花粉为中等花粉，极面观为三裂近三角，赤道面观为近球形，萌发沟为三孔沟，外壁纹饰为疣状纹饰。

　　**花粉数据性状：**极轴长为（36.93±1.77）μm，赤道轴长为（33.46±1.47）μm，花粉大小为（1 232.04±98.345）μm²，花粉形状指数为1.1，萌发沟长为（31.43±0.63）μm，沟极比为0.76。

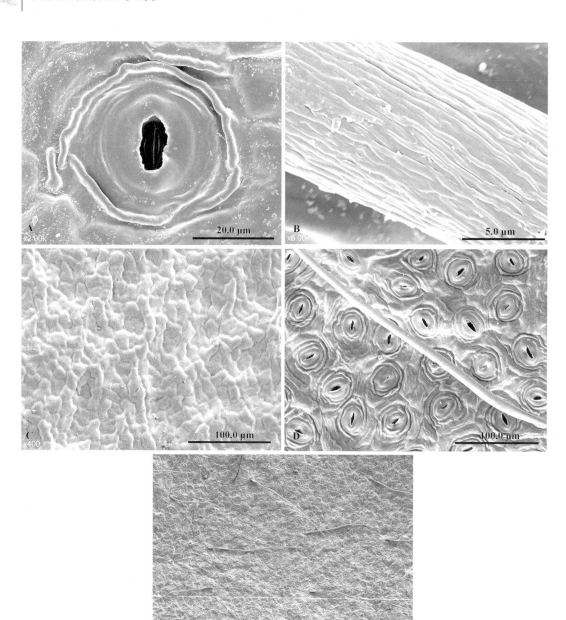

软枝乌龙叶片微形态扫描电镜图

A. 气孔　B. 茸毛　C. 纹饰　D. 气孔整体观　E. 茸毛整体观

**叶片蜡质纹饰：** 蜡质纹饰为皱脊状。

**叶片茸毛性状：** 茸毛长度为（431.98±15.27）μm，茸毛直径为（8.42±0.19）μm，茸毛纹饰为长条状。

**叶片气孔性状：** 气孔为长卵形，气孔器大小为（299.38±20.28）μm²，气孔密度为（250.56±15.26）个/mm²，气孔开度为 0.33±0.03，内气孔长为（12.29±1.20）μm，内气孔宽为（4.00±0.14）μm，外气孔长为（22.22±1.34）μm，外气孔宽为（13.54±1.43）μm。

# 大　红
## *C. sinensis* 'Dahong'

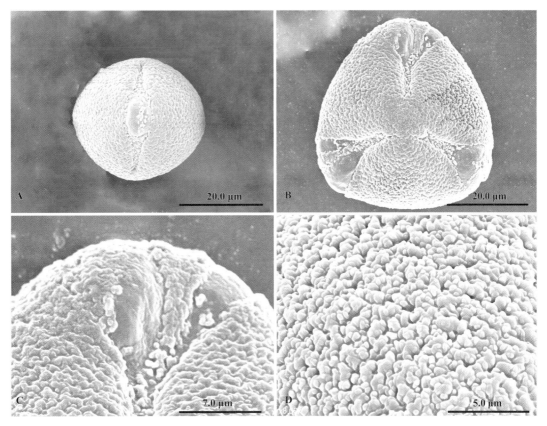

大红花粉微形态扫描电镜图

A. 赤道面观　B. 极面观　C. 萌发沟　D. 外壁纹饰

**花粉形态特征：**花粉为中等花粉，极面观为三裂近圆形，赤道面观为扁球形，萌发沟为三孔沟，外壁纹饰为疣状纹饰。

**花粉数据性状：**极轴长为（31.31±1.95）μm，赤道轴长为（36.77±2.28）μm，花粉大小为（1 153.62±135.35）μm²，花粉形状指数为 0.85，萌发沟长为（29.91±1.22）μm，沟极比为 0.73。

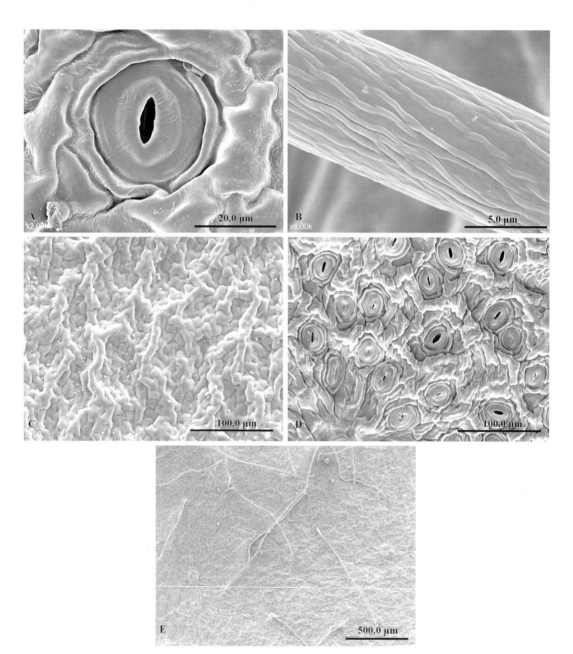

大红叶片微形态扫描电镜图

A. 气孔　B. 茸毛　C. 纹饰　D. 气孔整体观　E. 茸毛整体观

**叶片蜡质纹饰**：蜡质纹饰为皱脊状。

**叶片茸毛性状**：茸毛长度为（431.98±15.27）μm，茸毛直径为（8.42±0.19）μm，茸毛纹饰为长条状。

**叶片气孔性状**：气孔为长卵形，气孔器大小为（299.38±20.28）μm²，气孔密度为（250.56±15.26）个/mm²，气孔开度为0.33±0.03，内气孔长为（12.29±1.20）μm，内气孔宽为（4.00±0.14）μm，外气孔长为（22.22±1.34）μm，外气孔宽为（13.54±1.43）μm。

# 桃　仁
## *C. sinensis* 'Taoren'

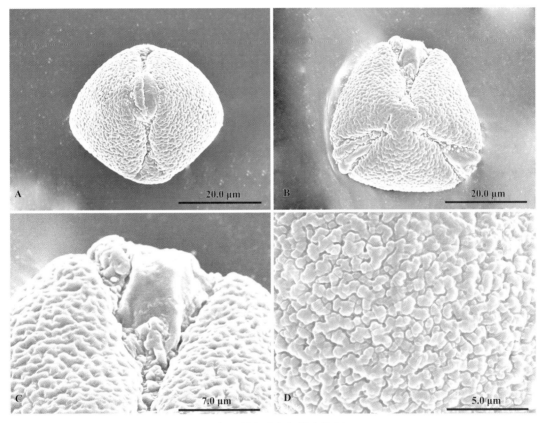

桃仁花粉微形态扫描电镜图

*C. sinensis* 'Taoren'

A. 赤道面观　B. 极面观　C. 萌发沟　D. 外壁纹饰

　　**花粉形态特征：**花粉为中等花粉，极面观为三裂近三角，赤道面观为扁球形，萌发沟为三孔沟，外壁纹饰为拟网状纹饰。

　　**花粉数据性状：**极轴长为（32.75±1.69）μm，赤道轴长为（37.49±1.07）μm，花粉大小为（1 227.14±110.65）μm²，花粉形状指数为 0.87，萌发沟长为（22.05±0.80）μm，沟极比为 0.72。

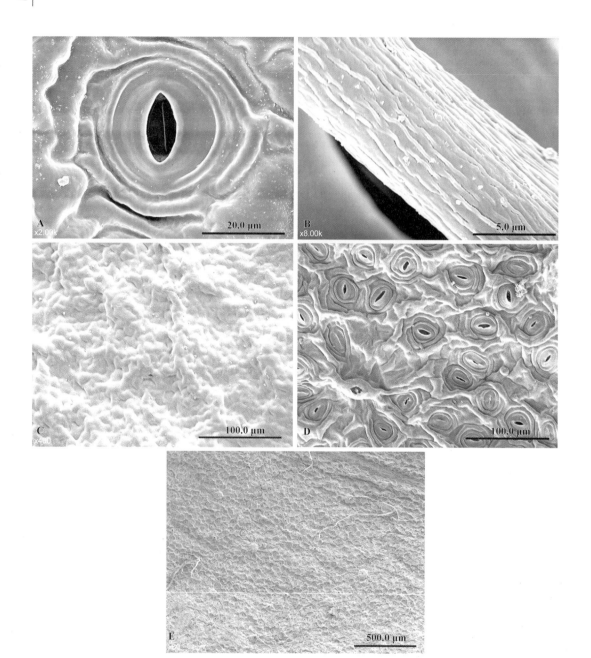

桃仁叶片微形态扫描电镜图

A. 气孔　B. 茸毛　C. 纹饰　D. 气孔整体观　E. 茸毛整体观

**叶片蜡质纹饰**：蜡质纹饰为皱脊状。

**叶片茸毛性状**：茸毛长度为（431.98±15.27）$\mu$m，茸毛直径为（8.42±0.19）$\mu$m，茸毛纹饰为长条状。

**叶片气孔性状**：气孔为长卵形，气孔器大小为（299.38±20.28）$\mu$m²，气孔密度为（250.56±15.26）个/mm²，气孔开度为0.33±0.03，内气孔长为（12.29±1.20）$\mu$m，内气孔宽为（4.00±0.14）$\mu$m，外气孔长为（22.22±1.34）$\mu$m，外气孔宽为（13.54±1.43）$\mu$m。

# 红 心 观 音
## *C. sinensis* 'Hongxinguanyin'

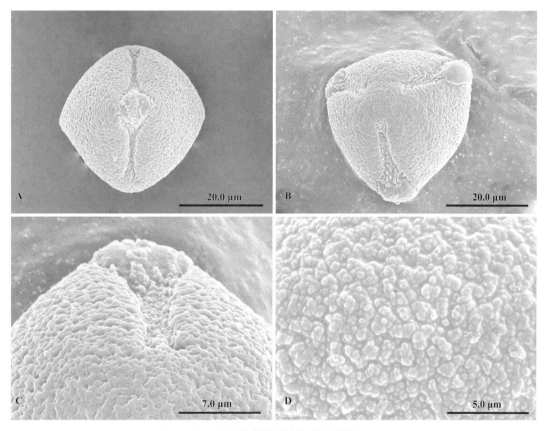

红心观音花粉微形态扫描电镜图
A. 赤道面观　B. 极面观　C. 萌发沟　D. 外壁纹饰

**花粉形态特征**：花粉为中等花粉，极面观为三裂近三角，赤道面观为近球形，萌发沟为三孔沟，外壁纹饰为疣状纹饰。

**花粉数据性状**：极轴长为（34.17±1.75）μm，赤道轴长为（36.00±1.79）μm，花粉大小为（1 230.82±153.24）μm²，花粉形状指数为 0.95，萌发沟长为（31.18±1.72）μm，沟极比为 0.71。

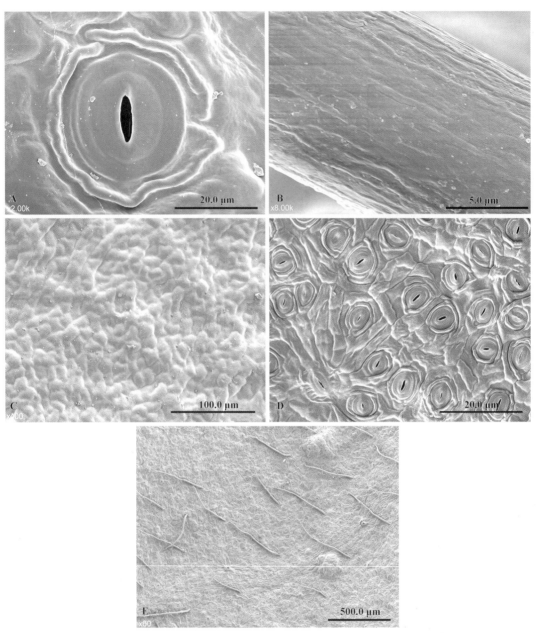

红心观音叶片微形态扫描电镜图

A. 气孔　B. 茸毛　C. 纹饰　D. 气孔整体观　E. 茸毛整体观

**叶片蜡质纹饰：**蜡质纹饰为平展状。

**叶片茸毛性状：**茸毛长度为（432.18±40.27）$\mu m$，茸毛直径为（11.85±0.80）$\mu m$，茸毛纹饰为短棒状。

**叶片气孔性状：**气孔为长卵形，气孔器大小为（419.96±51.67）$\mu m^2$，气孔密度为（183.42±13.16）个/$mm^2$，气孔开度为0.33±0.03，内气孔长为（13.20±2.50）$\mu m$，内气孔宽为（4.34±0.14）$\mu m$，外气孔长为（23.35±1.61）$\mu m$，外气孔宽为（17.99±1.43）$\mu m$。

# 白 样 观 音
## *C. sinensis* 'Baiyangguanyin'

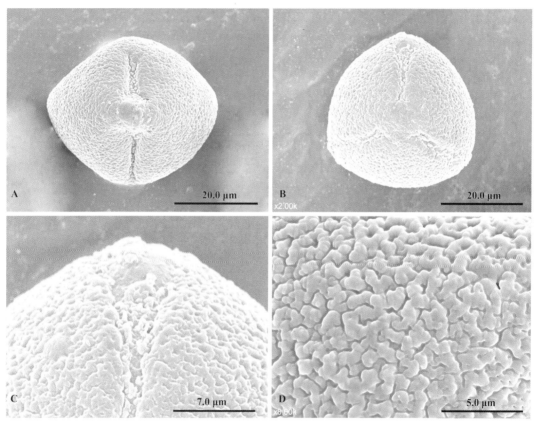

白样观音花粉微形态扫描电镜图
A. 赤道面观　B. 极面观　C. 萌发沟　D. 外壁纹饰

**花粉形态特征**：花粉为中等花粉，极面观为三裂近圆形，赤道面观为扁球形，萌发沟为三孔沟，外壁纹饰为疣状纹饰。

**花粉数据性状**：极轴长为（30.49±1.78）$\mu$m，赤道轴长为（36.24±1.45）$\mu$m，花粉大小为（1 104.84±98.32）$\mu$m$^2$，花粉形状指数为 0.84，萌发沟长为（30.67±1.47）$\mu$m，沟极比为 0.71。

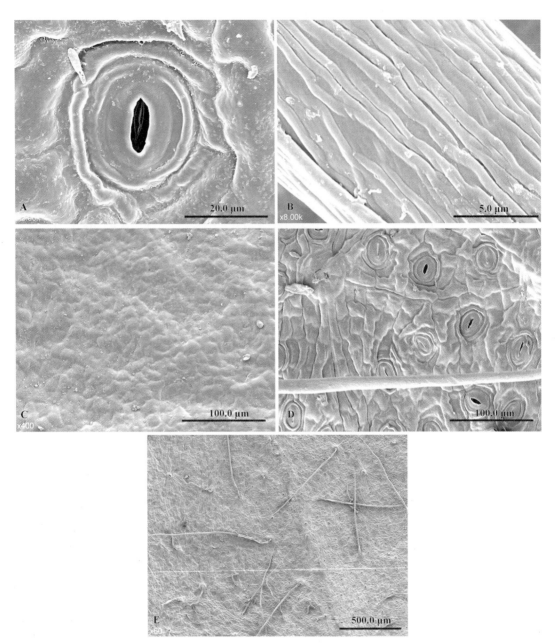

白样观音叶片微形态扫描电镜图

A. 气孔　B. 茸毛　C. 纹饰　D. 气孔整体观　E. 茸毛整体观

　　**叶片蜡质纹饰：** 蜡质纹饰为平展状。

　　**叶片茸毛性状：** 茸毛长度为（669.57±73.35）μm，茸毛直径为（11.03±0.88）μm，茸毛纹饰为长条状。

　　**叶片气孔性状：** 气孔为长卵形，气孔器大小为（398.92±34.19）μm²，气孔密度为（151.85±14.73）个/mm²，气孔开度为0.30±0.01，内气孔长为（15.50±2.20）μm，内气孔宽为（4.68±0.19）μm，外气孔长为（25.28±1.66）μm，外气孔宽为（15.78±0.75）μm。

# 白 奇 兰
## *C. sinensis* '**Baiqilan**'

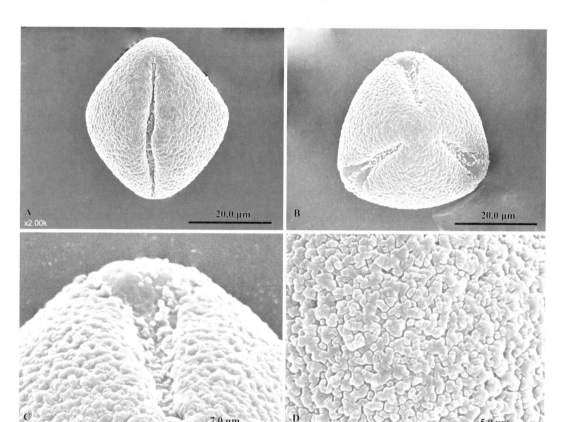

白奇兰花粉微形态扫描电镜图
A. 赤道面观　B. 极面观　C. 萌发沟　D. 外壁纹饰

　　**花粉形态特征**：花粉为中等花粉，极面观为三裂近三角，赤道面观为近球形，萌发沟为三孔沟，外壁纹饰为疣状纹饰。

　　**花粉数据性状**：极轴长为（36.38±1.60）μm，赤道轴长为（34.93±1.56）μm，花粉大小为（1 270.05±201.24）μm²，花粉形状指数为1.04，萌发沟长为（30.67±2.40）μm，沟极比为0.70。

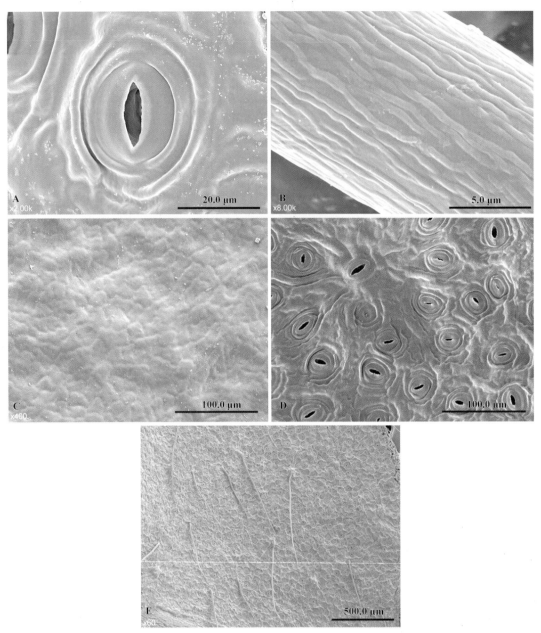

白奇兰叶片微形态扫描电镜图

A. 气孔　B. 茸毛　C. 纹饰　D. 气孔整体观　E. 茸毛整体观

**叶片蜡质纹饰：**蜡质纹饰为波浪状。

**叶片茸毛性状：**茸毛长度为（576.42±16.28）μm，茸毛直径为（11.62±1.09）μm，茸毛纹饰为短棒状。

**叶片气孔性状：**气孔为长卵形，气孔器大小为（386.67±33.85）μm²，气孔密度为（258.80±31.62）个/mm²，气孔开度为0.37±0.05，内气孔长为（13.99±2.42）μm，内气孔宽为（5.17±1.18）μm，外气孔长为（23.78±1.61）μm，外气孔宽为（16.26±2.43）μm。

# 早　奇　兰
## *C. sinensis* 'Zaoqilan'

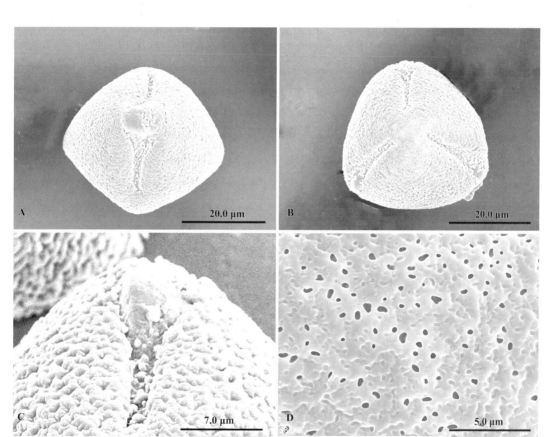

早奇兰花粉微形态扫描电镜图

A. 赤道面观　B. 极面观　C. 萌发沟　D. 外壁纹饰

**花粉形态特征：**花粉为中等花粉，极面观为三裂近三角，赤道面观为扁球形，萌发沟为三孔沟，外壁纹饰为拟网状纹饰。

**花粉数据性状：**极轴长为（32.34±1.43）μm，赤道轴长为（37.43±1.92）μm，花粉大小为（1 211.39±183.35）μm²，花粉形状指数为0.87，萌发沟长为（28.90±2.17）μm，沟极比为0.69。

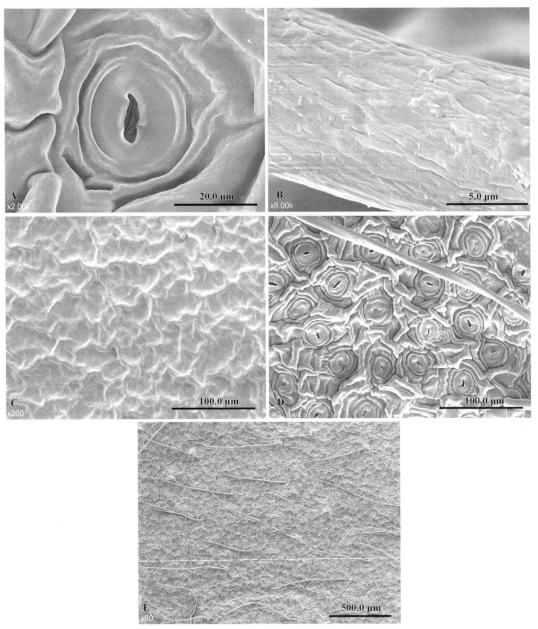

早奇兰叶片微形态扫描电镜图

A. 气孔　B. 茸毛　C. 纹饰　D. 气孔整体观　E. 茸毛整体观

**叶片蜡质纹饰：** 蜡质纹饰为皱脊状。

**叶片茸毛性状：** 茸毛长度为（639.35±81.29）μm，茸毛直径为（9.95±1.16）μm，茸毛纹饰为短棒状。

**叶片气孔性状：** 气孔为长卵形，气孔器大小为（329.49±36.36）μm²，气孔密度为（261.25±24.71）个/mm²，气孔开度为0.30±0.04，内气孔长为（12.80±2.84）μm，内气孔宽为（3.86±0.05）μm，外气孔长为（22.00±1.74）μm，外气孔宽为（14.98±0.41）μm。

# 慢　奇　兰
## *C. sinensis* 'Manqilan'

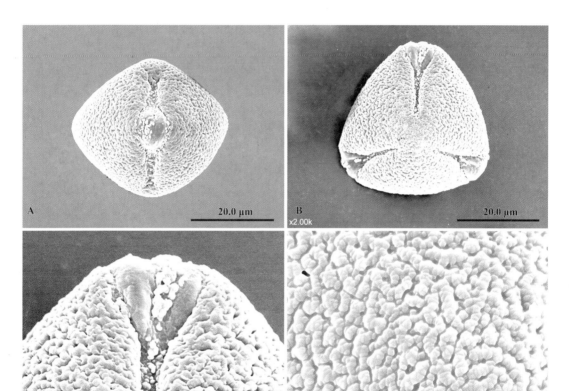

慢奇兰花粉微形态扫描电镜图

A. 赤道面观　B. 极面观　C. 萌发沟　D. 外壁纹饰

　　**花粉形态特征：**花粉为中等花粉，极面观为三裂近三角，赤道面观为扁球形，萌发沟为三孔沟，外壁纹饰为疣状纹饰。

　　**花粉数据性状：**极轴长为（31.66±1.16）μm，赤道轴长为（36.92±0.87）μm，花粉大小为（1 169.82±122.35）μm²，花粉形状指数为 0.86，萌发沟长为（29.15±2.08）μm，沟极比为 0.68。

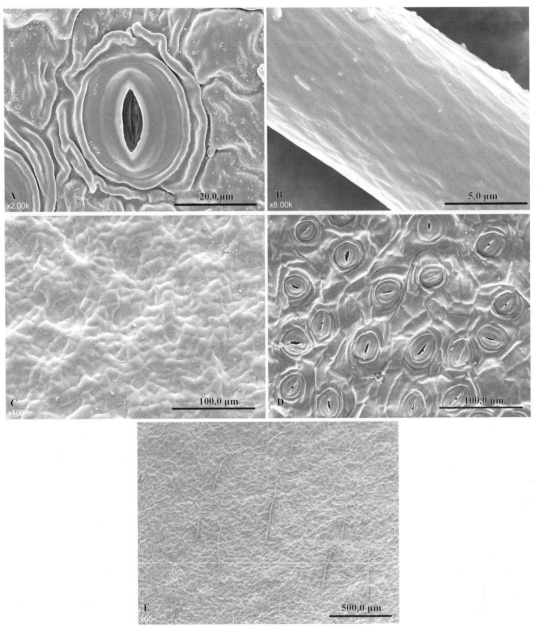

慢奇兰叶片微形态扫描电镜图
A. 气孔  B. 茸毛  C. 纹饰  D. 气孔整体观  E. 茸毛整体观

　　**叶片蜡质纹饰：** 蜡质纹饰为皱脊状。

　　**叶片茸毛性状：** 茸毛长度为（431.98±15.27）μm，茸毛直径为（8.42±0.19）μm，茸毛纹饰为长条状。

　　**叶片气孔性状：** 气孔为长卵形，气孔器大小为（299.38±20.28）μm²，气孔密度为（250.56±15.26）个/mm²，气孔开度为0.33±0.03，内气孔长为（12.29±1.20）μm，内气孔宽为（4.00±0.14）μm，外气孔长为（22.22±1.34）μm，外气孔宽为（13.54±1.43）μm。

# 竹 叶 奇 兰
## *C. sinensis* '**Zhuyeqilan**'

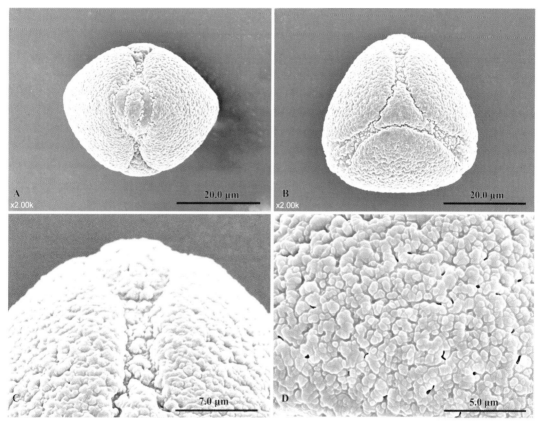

竹叶奇兰花粉微形态扫描电镜图
A. 赤道面观　B. 极面观　C. 萌发沟　D. 外壁纹饰

**花粉形态特征**：花粉为中等花粉，极面观为三裂近三角，赤道面观为扁球形，萌发沟为三孔沟，外壁纹饰为脑纹状纹饰。

**花粉数据性状**：极轴长为（34.81±1.61）$\mu$m，赤道轴长为（39.94±1.30）$\mu$m，花粉大小为（1 390.27±155.46）$\mu$m$^2$，花粉形状指数为 0.87，萌发沟长为（30.93±1.63）$\mu$m，沟极比为 0.71。

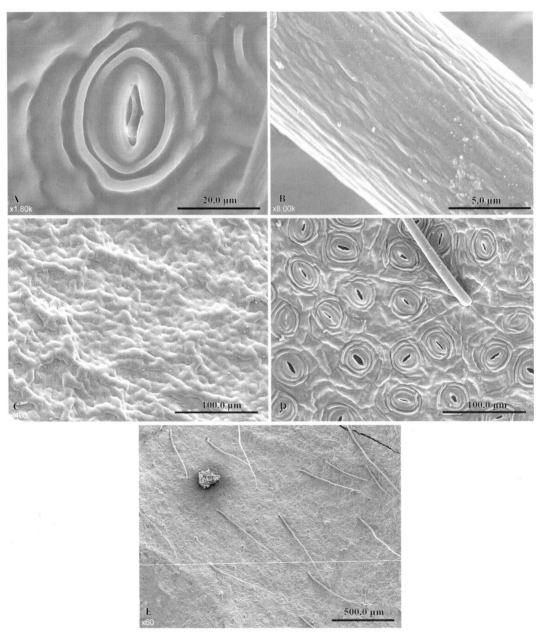

竹叶奇兰叶片微形态扫描电镜图

A. 气孔　B. 茸毛　C. 纹饰　D. 气孔整体观　E. 茸毛整体观

**叶片蜡质纹饰**：蜡质纹饰为波浪状。

**叶片茸毛性状**：茸毛长度为（540.36±24.48）$\mu m$，茸毛直径为（10.35±1.42）$\mu m$，茸毛纹饰为短棒状。

**叶片气孔性状**：气孔为长卵形，气孔器大小为（324.55±31.69）$\mu m^2$，气孔密度为（310.78±27.06）个/$mm^2$，气孔开度为0.32±0.04，内气孔长为（13.15±2.41）$\mu m$，内气孔宽为（4.23±0.91）$\mu m$，外气孔长为（22.96±1.54）$\mu m$，外气孔宽为（14.14±1.28）$\mu m$。

# 白　牡　丹
## *C. sinensis* 'Baimudan'

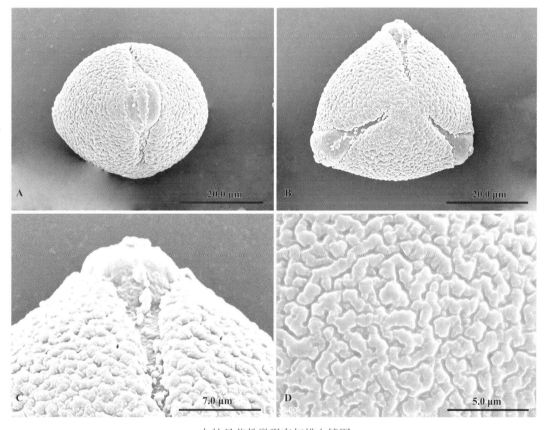

白牡丹花粉微形态扫描电镜图
A. 赤道面观　B. 极面观　C. 萌发沟　D. 外壁纹饰

**花粉形态特征：**花粉为中等花粉，极面观为三裂近圆形，赤道面观为近球形，萌发沟为三孔沟，外壁纹饰为疣状纹饰。

**花粉数据性状：**极轴长为（37.37±1.63）$\mu$m，赤道轴长为（35.00±0.92）$\mu$m，花粉大小为（1 307.53±88.47）$\mu$m²，花粉形状指数为 1.07，萌发沟长为（29.66±1.67）$\mu$m，沟极比为 0.70。

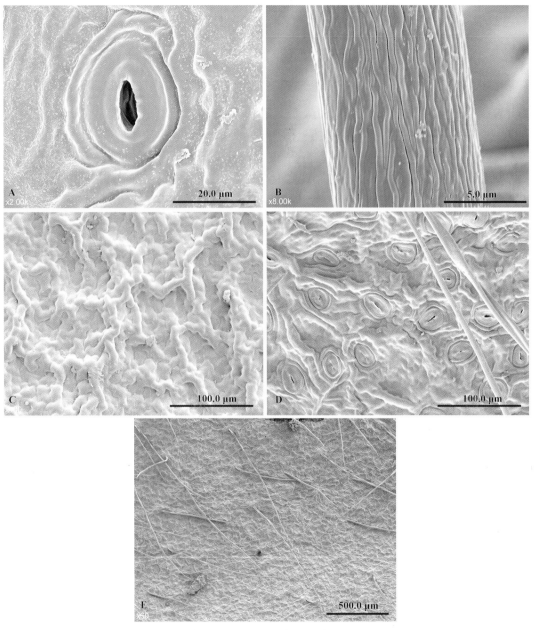

白牡丹叶片微形态扫描电镜图

A. 气孔　B. 茸毛　C. 纹饰　D. 气孔整体观　E. 茸毛整体观

**叶片蜡质纹饰**：蜡质纹饰为皱脊状。

**叶片茸毛性状**：茸毛长度为（670.51±12.15）$\mu$m，茸毛直径为（12.77±1.13）$\mu$m，茸毛纹饰为长条状。

**叶片气孔性状**：气孔为长卵形，气孔器大小为（267.32±33.81）$\mu$m²，气孔密度为（218.80±26.94）个/mm²，气孔开度为0.24±0.05，内气孔长为（10.35±3.26）$\mu$m，内气孔宽为（2.45±0.67）$\mu$m，外气孔长为（20.91±1.61）$\mu$m，外气孔宽为（12.78±1.61）$\mu$m。

# 吴 山 清 明 茶
## *C. sinensis* 'Wushan Qingmingcha'

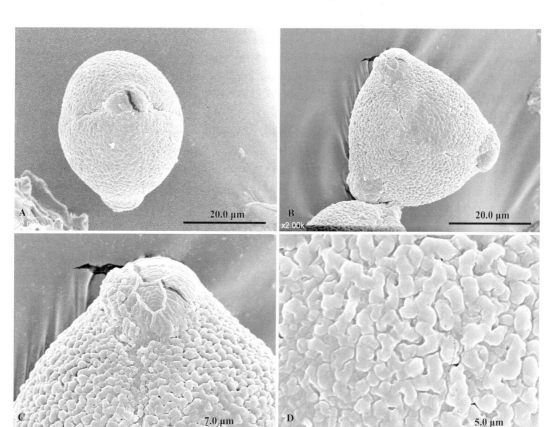

吴山清明茶花粉微形态扫描电镜图

A. 赤道面观　B. 极面观　C. 萌发沟　D. 外壁纹饰

**花粉形态特征：**花粉为中等花粉，极面观为近三角形，赤道面观为近圆形，萌发沟为拟三孔沟，外壁纹饰为光滑疣状纹饰。

**花粉数据性状：**极轴长为（35.07±3.15）$\mu m$，赤道轴长为（32.41±4.09）$\mu m$，花粉大小为（1 139.09±180.59）$\mu m^2$，花粉形状指数为 1.10±0.16，萌发沟长为（24.41±1.78）$\mu m$，沟极比为 0.75±0.10。

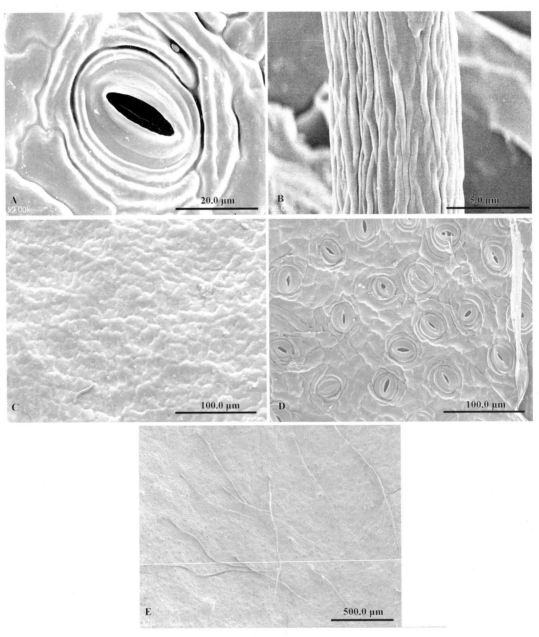

吴山清明茶叶片微形态扫描电镜图

A. 气孔　B. 茸毛　C. 纹饰　D. 气孔整体观　E. 茸毛整体观

**叶片蜡质纹饰：** 蜡质纹饰为平展状。

**叶片茸毛性状：** 茸毛长度为（731.92±93.20）μm，茸毛直径为（7.27±0.54）μm，茸毛纹饰为长条纹形。

**叶片气孔性状：** 气孔为长卵形，气孔器大小为（428.16±7.12）μm²，气孔密度为（233.87±14.64）个/mm²，气孔开度为0.29±0.06，内气孔长为（15.79±3.27）μm，内气孔宽为（4.41±1.00）μm，外气孔长为（26.17±3.13）μm，外气孔宽为（16.36±2.28）μm。

# 筥 绮

## *C. sinensis* 'Xiaoqi'

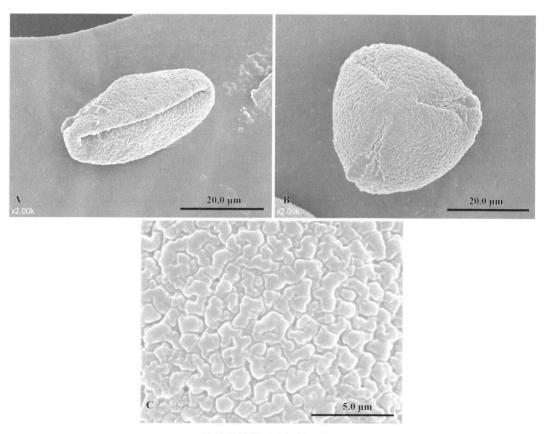

筥绮花粉微形态扫描电镜图

A. 赤道面观  B. 极面观  C. 外壁纹饰

**花粉形态特征：**花粉为中等花粉，极面观为近三角形，赤道面观为长椭圆形，萌发沟为拟三孔沟，外壁纹饰为粗糙疣状纹饰。

**花粉数据性状：**极轴长为（34.51±2.27）μm，赤道轴长为（30.02±5.91）μm，花粉大小为（1 029.02±177.12）μm²，花粉形状指数为1.21±0.34，萌发沟长为（24.35±5.86）μm，沟极比为0.72±0.10。

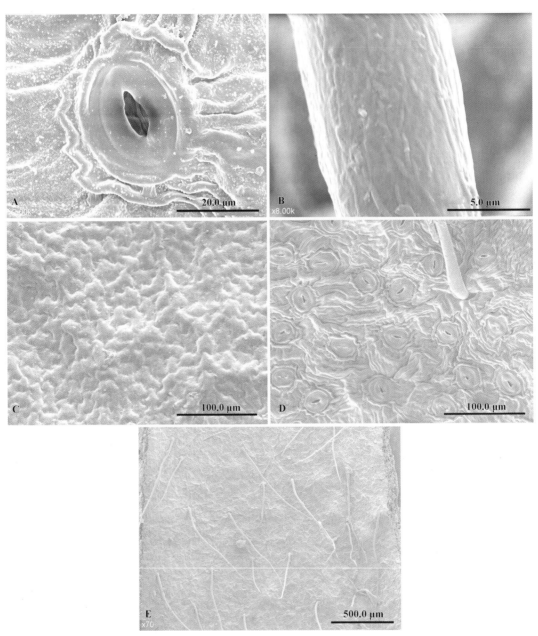

篙绮叶片微形态扫描电镜图

A. 气孔　B. 茸毛　C. 纹饰　D. 气孔整体观　E. 茸毛整体观

**叶片蜡质纹饰**：蜡质纹饰为皱脊状。

**叶片茸毛性状**：茸毛长度为（431.98±15.27）μm，茸毛直径为（8.42±0.19）μm，茸毛纹饰为长条状。

**叶片气孔性状**：气孔为长卵形，气孔器大小为（299.38±20.28）μm²，气孔密度为（250.56±15.26）个/mm²，气孔开度为 0.33±0.03，内气孔长为（12.29±1.20）μm，内气孔宽为（4.00±0.14）μm，外气孔长为（22.22±1.34）μm，外气孔宽为（13.54±1.43）μm。

# 四 季 春
## C. sinensis 'Sijichun'

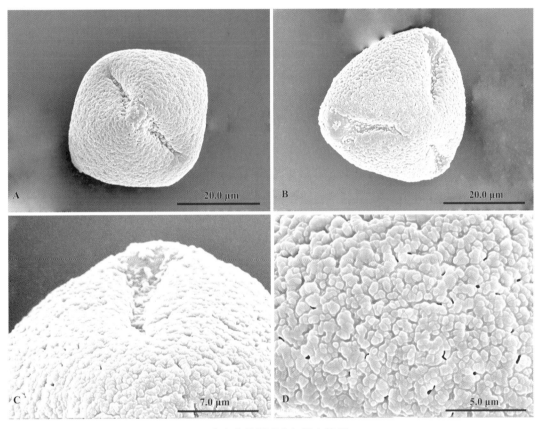

四季春花粉微形态扫描电镜图

A. 赤道面观　B. 极面观　C. 萌发沟　D. 外壁纹饰

　　**花粉形态特征：**花粉为中等花粉，极面观为三裂近三角，赤道面观为近球形，萌发沟为三孔沟，外壁纹饰为疣状纹饰。

　　**花粉数据性状：**极轴长为（32.33±0.85）μm，赤道轴长为（30.62±0.55）μm，花粉大小为（990.02±91.11）μm²，花粉形状指数为1.06，萌发沟长为（26.87±1.91）μm，沟极比为0.67。

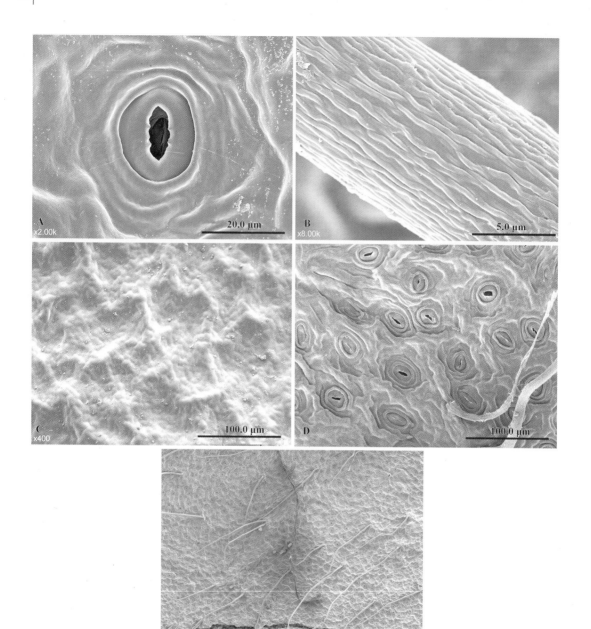

四季春叶片微形态扫描电镜图

A. 气孔　B. 茸毛　C. 纹饰　D. 气孔整体观　E. 茸毛整体观

**叶片蜡质纹饰：**蜡质纹饰为波浪状。

**叶片茸毛性状：**茸毛长度为（503.69±62.63）μm，茸毛直径为（11.22±1.21）μm，茸毛纹饰为短棒状。

**叶片气孔性状：**气孔为长卵形，气孔器大小为（368.53±34.44）μm²，气孔密度为（235.67±10.47）个/mm²，气孔开度为0.28±0.03，内气孔长为（13.91±2.48）μm，内气孔宽为（3.94±1.16）μm，外气孔长为（23.04±1.80）μm，外气孔宽为（16.00±0.45）μm。

# 昌 宁 大 叶 茶
## *C. sinensis* 'Changning Dayecha'

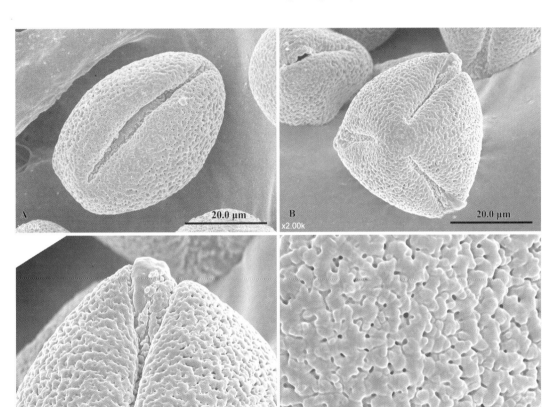

昌宁大叶茶花粉微形态扫描电镜图
A. 赤道面观　B. 极面观　C. 萌发沟　D. 外壁纹饰

　　**花粉形态特征：**花粉为中等花粉，极面观为近三角形，赤道面观为长椭圆形，萌发沟为拟三孔沟，外壁纹饰为光滑疣状纹饰。

　　**花粉数据性状：**极轴长为（44.02±2.79）μm，赤道轴长为（30.85±2.17）μm，花粉大小为（1 359.87±147.71）μm²，花粉形状指数为 1.43±0.11，萌发沟长为（33.34±3.32）μm，沟极比为 0.75±0.06。

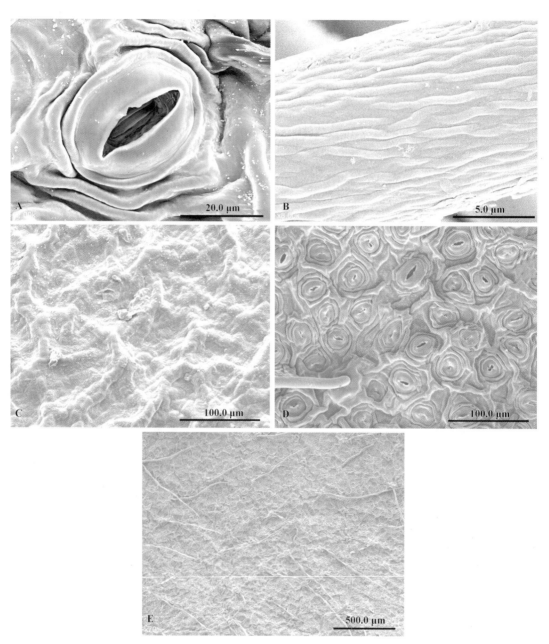

昌宁大叶茶叶片微形态扫描电镜图
A. 气孔　B. 茸毛　C. 纹饰　D. 气孔整体观　E. 茸毛整体观

**叶片蜡质纹饰：**蜡质纹饰为波浪状。

**叶片茸毛性状：**茸毛长度为（573.37±31.66）$\mu$m，茸毛直径为（10.61±1.10）$\mu$m，茸毛纹饰为长条纹形。

**叶片气孔性状：**气孔为长卵形，气孔器大小为（580.93±11.65）$\mu$m²，气孔密度为（393.55±16.66）个/mm²，气孔开度为0.33±0.05，内气孔长为（18.35±4.69）$\mu$m，内气孔宽为（5.97±1.28）$\mu$m，外气孔长为（28.17±4.55）$\mu$m，外气孔宽为（20.63±2.56）$\mu$m。

# 矮　脚　乌　龙
## *C. sinensis* '**Aijiaowulong**'

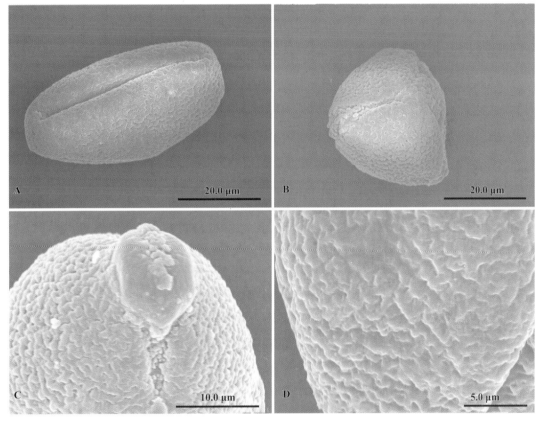

矮脚乌龙花粉微形态扫描电镜图
A. 赤道面观　B. 极面观　C. 萌发沟　D. 外壁纹饰

**花粉形态特征：**花粉为中等花粉，极面观为三裂近三角，赤道面观为长柱形，萌发沟为三孔沟，外壁纹饰为疣状纹饰。

**花粉数据性状：**极轴长为（27.47±3.03）μm，赤道轴长为（59.76±3.12）μm，花粉大小为（1 626.30±253.52）μm²，花粉形状指数为 0.45±0.03，萌发沟长为（23.14±1.84）μm，沟极比为 0.89±0.05。

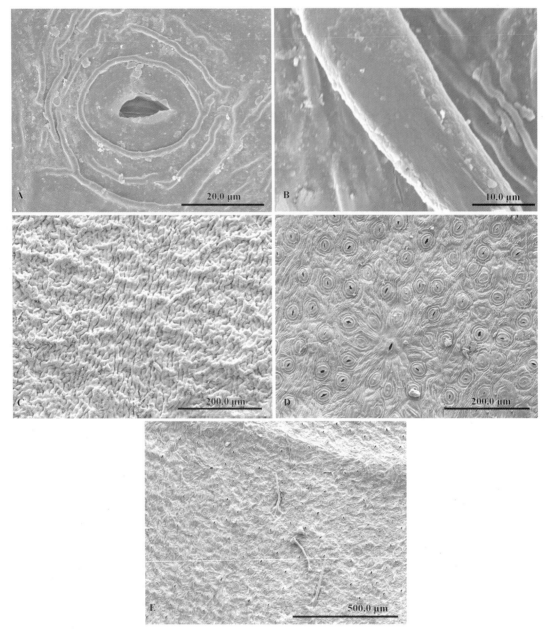

矮脚乌龙叶片微形态扫描电镜图
A. 气孔　B. 茸毛　C. 纹饰　D. 气孔整体观　E. 茸毛整体观

**叶片蜡质纹饰：**蜡质纹饰为皱脊状。

**叶片茸毛性状：**茸毛长度为（231.84±29.64）$\mu$m，茸毛直径为（11.78±1.05）$\mu$m，茸毛纹饰为光滑状。

**叶片气孔性状：**气孔为长卵形，气孔器大小为（571.12±101.24）$\mu$m²，气孔密度为（210.00±2.72）个/mm²，气孔开度为0.44±0.06，内气孔长为（12.81±1.92）$\mu$m，内气孔宽为（5.53±0.93）$\mu$m，外气孔长为（27.42±2.65）$\mu$m，外气孔宽为（20.68±1.91）$\mu$m。

# 百 年 乌 龙 11
## *C. sinensis* 'Bainianwulong 11'

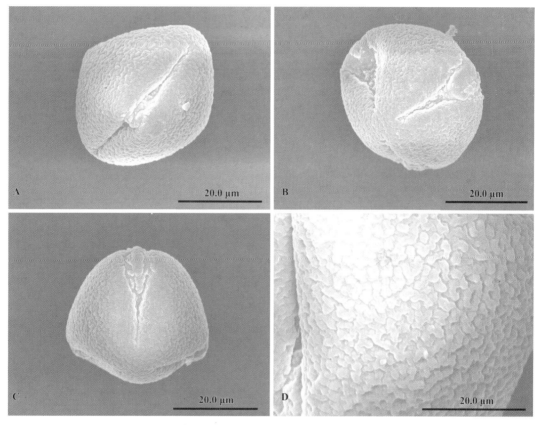

百年乌龙 11 花粉微形态扫描电镜图

A. 赤道面观　B. 极面观　C. 萌发沟　D. 外壁纹饰

　　**花粉形态特征：**花粉为中等花粉，极面观为三裂近三角，赤道面观为近球形，萌发沟为三孔沟，外壁纹饰为疣状纹饰。

　　**花粉数据性状：**极轴长为（28.70±2.38）μm，赤道轴长为（47.10±3.98）μm，花粉大小为（1 361.07±231.79）μm²，花粉形状指数为 0.61±0.01，萌发沟长为（28.70±9.45）μm，沟极比为 1.03±0.40。

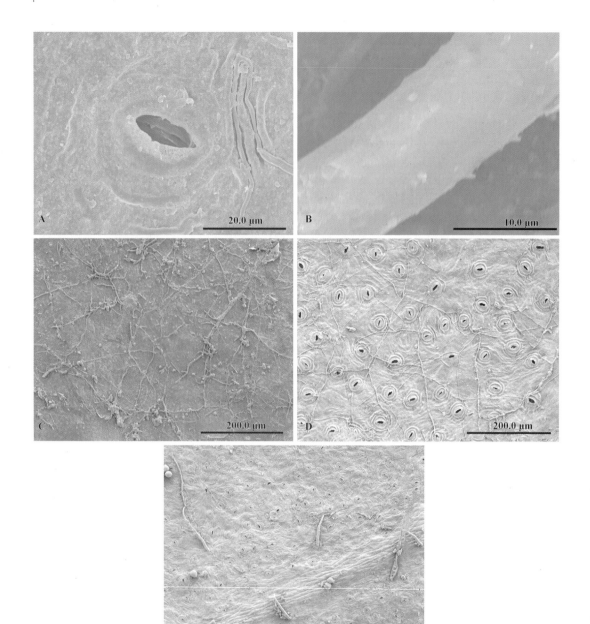

百年乌龙 11 叶片微形态扫描电镜图
A. 气孔  B. 茸毛  C. 纹饰  D. 气孔整体观  E. 茸毛整体观

**叶片蜡质纹饰**：蜡质纹饰为平展状。

**叶片茸毛性状**：茸毛长度为（235.69±24.72）$\mu m$，茸毛直径为（12.79±2.35）$\mu m$，茸毛纹饰为平滑状。

**叶片气孔性状**：气孔为长卵形，气孔器大小为（658.66±91.81）$\mu m^2$，气孔密度为（156.67±2.72）个/$mm^2$，气孔开度为 0.36±0.06，内气孔长为（15.85±1.44）$\mu m$，内气孔宽为（05.67±0.93）$\mu m$，外气孔长为（28.43±1.95）$\mu m$，外气孔宽为（23.21±3.16）$\mu m$。

# 百 年 乌 龙 37
## *C. sinensis* 'Bainianwulong 37'

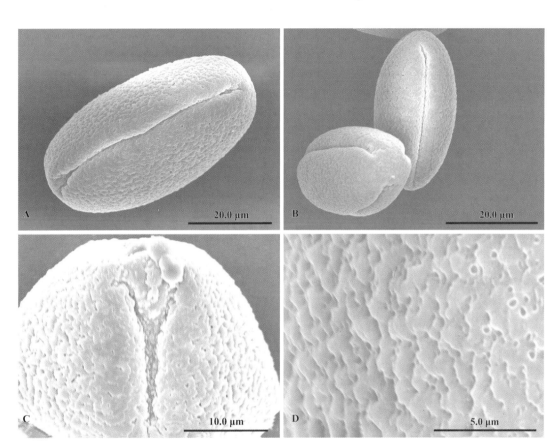

百年乌龙 37 花粉微形态扫描电镜图

A. 赤道面观　B. 极面观　C. 萌发沟　D. 外壁纹饰

　　**花粉形态特征：**花粉为中等花粉，极面观为三裂近三角，赤道面观为长柱形，萌发沟为三孔沟，外壁纹饰为疣状纹饰。

　　**花粉数据性状：**极轴长为（28.86±5.66）μm，赤道轴长为（54.53±1.66）μm，花粉大小为（1 565.20±261.74）μm²，花粉形状指数为 0.53±0.12，萌发沟长为（17.65±4.37）μm，沟极比为 0.62±0.11。

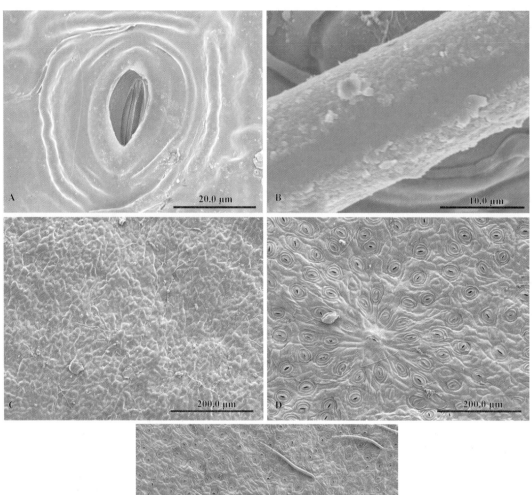

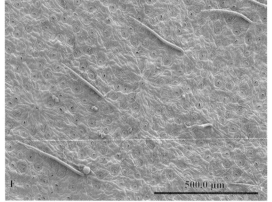

百年乌龙 37 叶片微形态扫描电镜图

A. 气孔　B. 茸毛　C. 纹饰　D. 气孔整体观　E. 茸毛整体观

**叶片蜡质纹饰:** 蜡质纹饰为皱脊状。

**叶片茸毛性状:** 茸毛长度为（344.29±59.33）μm，茸毛直径为（13.92±2.14）μm，茸毛纹饰为平滑状。

**叶片气孔性状:** 气孔为长卵形，气孔器大小为（960.18±235.75）μm²，气孔密度为（249.17±11.64）个/mm²，气孔开度为 0.51±0.13，内气孔长为（18.32±3.34）μm，内气孔宽为（9.53±3.11）μm，外气孔长为（35.36±5.02）μm，外气孔宽为（26.68±3.87）μm。

# 鼓山半岩茶 1 号
## *C. sinensis* 'Gushan Banyancha 1'

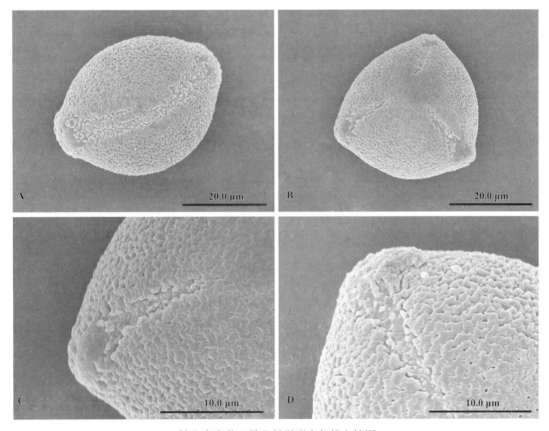

鼓山半岩茶 1 号花粉微形态扫描电镜图
A. 赤道面观　B. 极面观　C. 萌发沟　D. 外壁纹饰

　　**花粉形态特征：**花粉为中等花粉，极面观为三裂近三角，赤道面观为近球形，萌发沟为三孔沟，外壁纹饰为疣状纹饰。

　　**花粉数据性状：**极轴长为（22.42±0.22）μm，赤道轴长为（31.52±3.65）μm，花粉大小为（706.79±80.09）μm²，花粉形状指数为 0.71±0.08，萌发沟长为（12.22±0.85）μm，沟极比为 0.55±0.04。

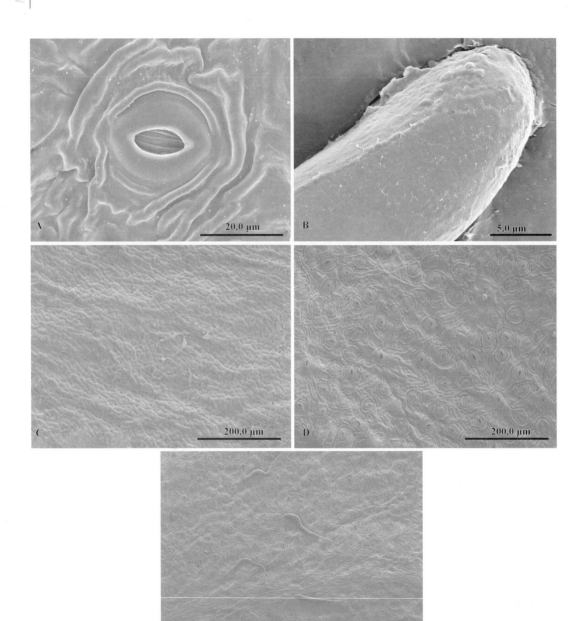

鼓山半岩茶 1 号叶片微形态扫描电镜图

A. 气孔  B. 茸毛  C. 纹饰  D. 气孔整体观  E. 茸毛整体观

**叶片蜡质纹饰：**蜡质纹饰为皱脊状。

**叶片茸毛性状：**茸毛长度为（307.47±70.78）$\mu$m，茸毛直径为（12.77±0.65）$\mu$m，茸毛纹饰为平滑状。

**叶片气孔性状：**气孔为长卵形，气孔器大小为（500.72±73.85）$\mu$m$^2$，气孔密度为（250±22.36）个/mm$^2$，气孔开度为 0.41±0.06，内气孔长为（12.52±1.15）$\mu$m，内气孔宽为（5.23±0.88）$\mu$m，外气孔长为（26.01±2.40）$\mu$m，外气孔宽为（19.21±1.74）$\mu$m。

# 永 泰 野 生 茶
## *C. sinensis* 'Yongtai Yeshengcha'

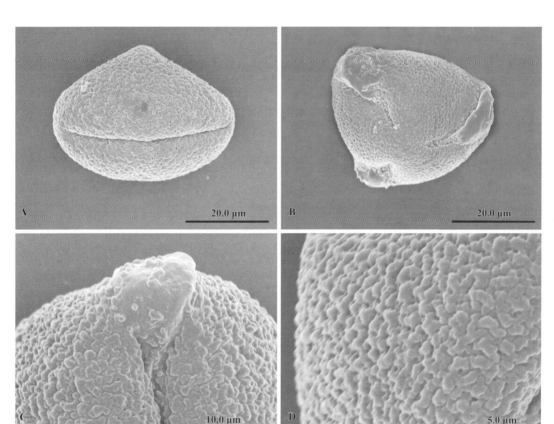

永泰野生茶花粉微形态扫描电镜图

A. 赤道面观　B. 极面观　C. 萌发沟　D. 外壁纹饰

**花粉形态特征**：花粉为中等花粉，极面观为三裂近三角，赤道面观为近球形，萌发沟为三孔沟，外壁纹饰为疣状纹饰。

**花粉数据性状**：极轴长为（34.56±1.03）μm，赤道轴长为（37.89±1.57）μm，花粉大小为（1 309.14±78.09）μm²，花粉形状指数为0.91±0.04，萌发沟长为（9.47±0.77）μm，沟极比为0.28±0.02。

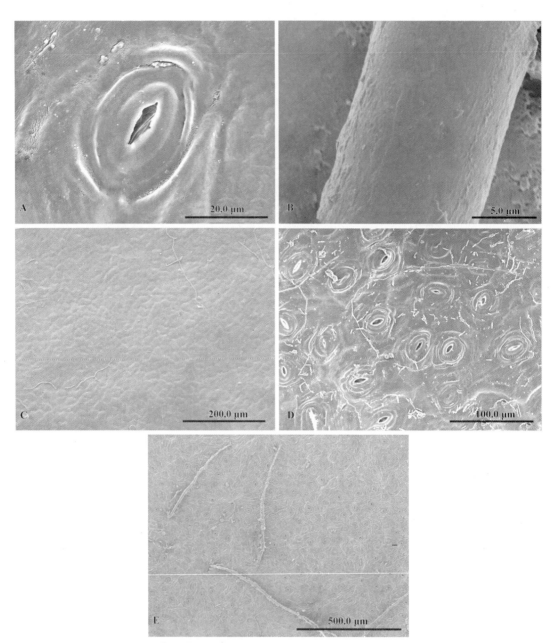

永泰野生茶叶片微形态扫描电镜图
A. 气孔　B. 茸毛　C. 纹饰　D. 气孔整体观　E. 茸毛整体观

　　**叶片蜡质纹饰：**蜡质纹饰为皱脊状。

　　**叶片茸毛性状：**茸毛长度为（578.11±100.27）μm，茸毛直径为（11.38±0.39）μm，茸毛纹饰为光滑状。

　　**叶片气孔性状：**气孔为长卵形，气孔器大小为（873.17±84.33）μm²，气孔密度为（195.00±18.71）个/mm²，气孔开度为0.30±0.04，内气孔长为（15.95±1.50）μm，内气孔宽为（4.84±0.57）μm，外气孔长为（35.67±2.97）μm，外气孔宽为（24.54±2.14）μm。

# 第四节　茶树新品系（种质）花粉叶片微形态图谱

## 春 桃 香
### *C. sinensis* 'Chuntaoxiang'

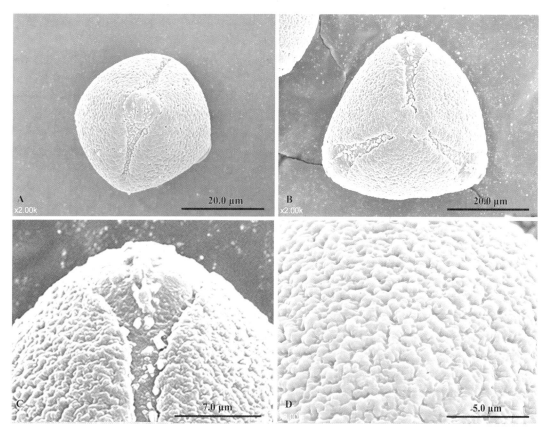

春桃香花粉微形态扫描电镜图
A. 赤道面观　B. 极面观　C. 萌发沟　D. 外壁纹饰

　　**花粉形态特征**：花粉为中等花粉，极面观为三裂近三角，赤道面观为近球形，萌发沟为三孔沟，外壁纹饰为疣状纹饰。

　　**花粉数据性状**：极轴长为（32.07±1.43）μm，赤道轴长为（34.42±1.56）μm，花粉大小为（1 103.81±67.07）μm²，花粉形状指数为 0.93±0.06，萌发沟长为（29.04±1.32）μm，沟极比为 0.91±0.06。

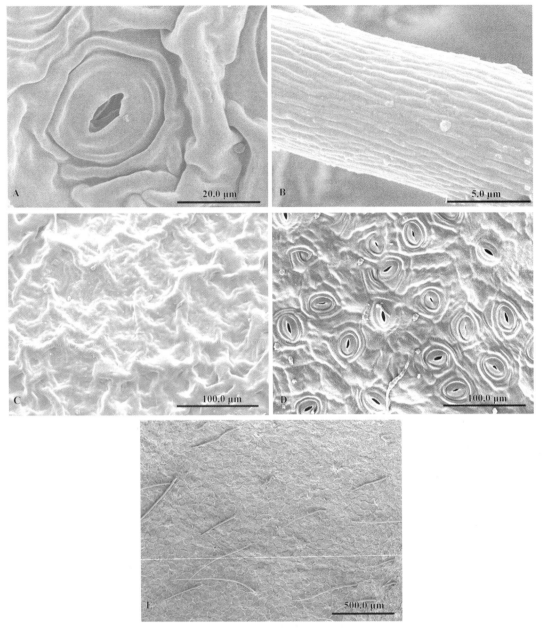

春桃香叶片微形态扫描电镜图

A. 气孔  B. 茸毛  C. 纹饰  D. 气孔整体观  E. 茸毛整体观

**叶片蜡质纹饰**：蜡质纹饰为皱脊状。

**叶片茸毛性状**：茸毛长度为（560.06±15.52）$\mu$m，茸毛直径为（7.21±0.17）$\mu$m，茸毛纹饰为长条状。

**叶片气孔性状**：气孔为长卵形，气孔器大小为（307.24±23.34）$\mu$m$^2$，气孔密度为（238.53±16.61）个/mm$^2$，气孔开度为0.28±0.02，内气孔长为（17.01±1.30）$\mu$m，内气孔宽为（4.78±0.38）$\mu$m，外气孔长为（26.93±2.29）$\mu$m，外气孔宽为（17.15±1.43）$\mu$m。

# 金 玫 瑰
## *C. sinensis* '**Jinmeigui**'

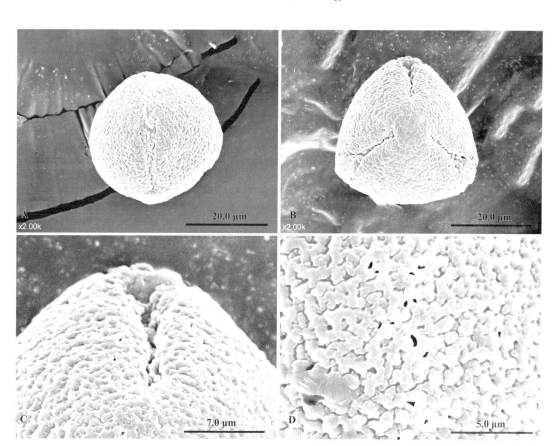

金玫瑰花粉微形态扫描电镜图

A. 赤道面观　B. 极面观　C. 萌发沟　D. 外壁纹饰

**花粉形态特征**：花粉为中等花粉，极面观为三裂近三角，赤道面观为近球形，萌发沟为三孔沟，外壁纹饰为疣状纹饰。

**花粉数据性状**：极轴长为（29.75±1.47）μm，赤道轴长为（33.34±1.78）μm，花粉大小为（990.37±50.26）μm²，花粉形状指数为 0.90±0.08，萌发沟长为（27.86±1.04）μm，沟极比为 0.94±0.03。

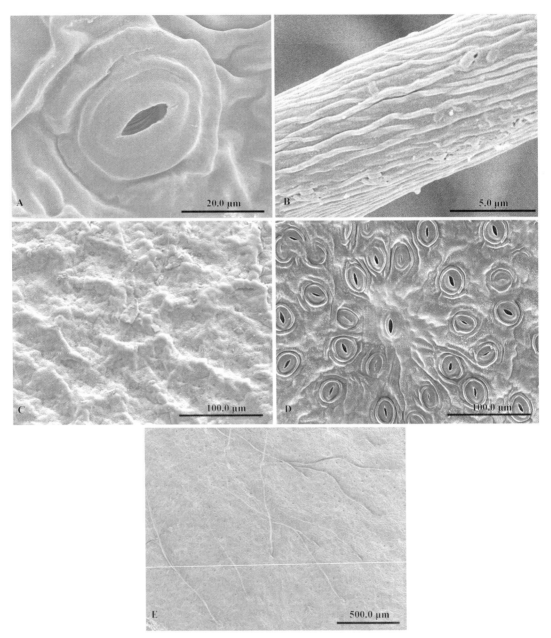

金玫瑰叶片微形态扫描电镜图

A. 气孔　B. 茸毛　C. 纹饰　D. 气孔整体观　E. 茸毛整体观

**叶片蜡质纹饰：** 蜡质纹饰为皱脊状。

**叶片茸毛性状：** 茸毛长度为（586.73±21.90）$\mu$m，茸毛直径为（8.08±0.09）$\mu$m，茸毛纹饰为长条状。

**叶片气孔性状：** 气孔为长卵形，气孔器大小为（337.52±39.12）$\mu$m$^2$，气孔密度为（198.45±21.37）个/mm$^2$，气孔开度为0.41±0.05，内气孔长为（10.98±1.29）$\mu$m，内气孔宽为（4.40±0.15）$\mu$m，外气孔长为（22.94±0.97）$\mu$m，外气孔宽为（14.69±1.44）$\mu$m。

# 新 选 205
## *C. sinensis* 'Xinxuan 205'

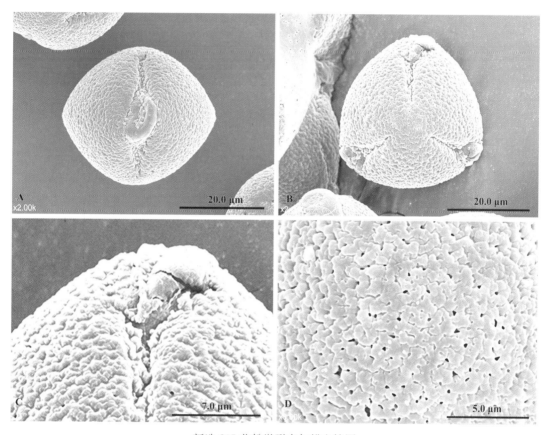

新选 205 花粉微形态扫描电镜图

A. 赤道面观 B. 极面观 C. 萌发沟 D. 外壁纹饰

**花粉形态特征：**花粉为中等花粉，极面观为三裂近圆形，赤道面观为近球形，萌发沟为三孔沟，外壁纹饰为疣状纹饰。

**花粉数据性状：**极轴长为（32.93±1.09）μm，赤道轴长为（34.77±2.26）μm，花粉大小为（1 143.78±61.66）μm²，花粉形状指数为 0.95±0.08，萌发沟长为（31.42±1.62）μm，沟极比为 0.95±0.05。

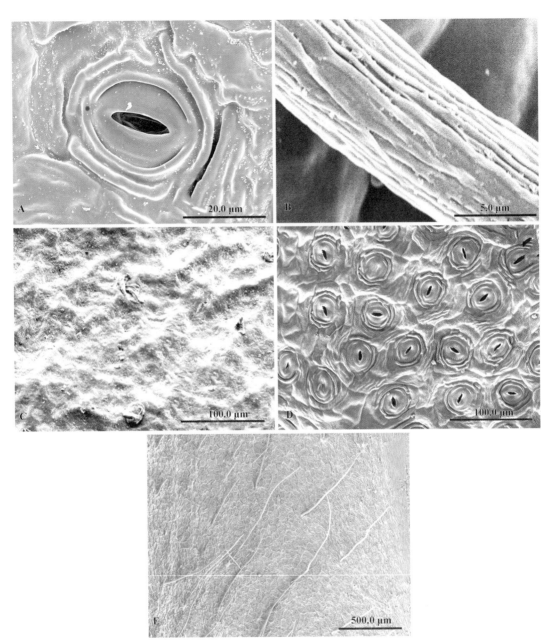

新选 205 叶片微形态扫描电镜图

A. 气孔　B. 茸毛　C. 纹饰　D. 气孔整体观　E. 茸毛整体观

**叶片蜡质纹饰：**蜡质纹饰为波浪状。

**叶片茸毛性状：**茸毛长度为（602.50±15.75）$\mu$m，茸毛直径为（8.92±0.23）$\mu$m，茸毛纹饰为长条状。

**叶片气孔性状：**气孔为长卵形，气孔器大小为（301.67±42.34）$\mu$m²，气孔密度为（172.70±12.94）个/mm²，气孔开度为0.28±0.02，内气孔长为（13.77±0.49）$\mu$m，内气孔宽为（3.79±0.24）$\mu$m，外气孔长为（25.36±0.55）$\mu$m，外气孔宽为（16.95±1.05）$\mu$m。

# 新　选　206
## *C. sinensis* 'Xinxuan 206'

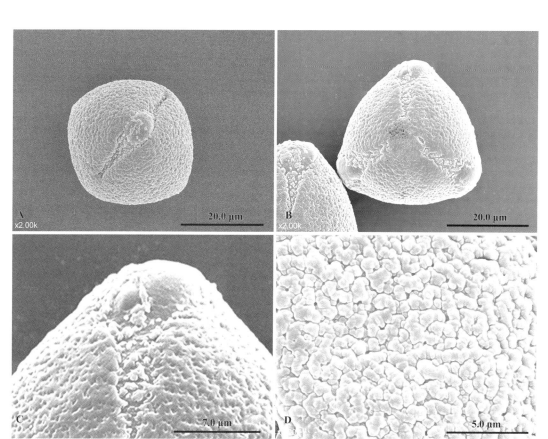

新选 206 花粉微形态扫描电镜图
A. 赤道面观　B. 极面观　C. 萌发沟　D. 外壁纹饰

**花粉形态特征：**花粉为中等花粉，极面观为三裂近三角，赤道面观为近球形，萌发沟为三孔沟，外壁纹饰为疣状纹饰。

**花粉数据性状：**极轴长为（32.47±1.49）$\mu$m，赤道轴长为（34.52±1.58）$\mu$m，花粉大小为（1 120.73±70.16）$\mu$m²，花粉形状指数为 0.94±0.06，萌发沟长为（29.32±1.80）$\mu$m，沟极比为 0.90±0.07。

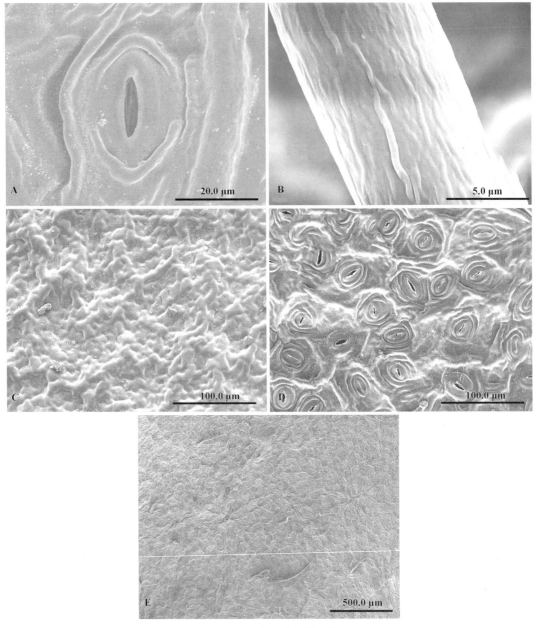

新选 206 叶片微形态扫描电镜图
A. 气孔　B. 茸毛　C. 纹饰　D. 气孔整体观　E. 茸毛整体观

**叶片蜡质纹饰**：蜡质纹饰为平展状。

**叶片茸毛性状**：茸毛长度为（438.15±10.76）$\mu m$，茸毛直径为（7.67±0.57）$\mu m$，茸毛纹饰为长条状。

**叶片气孔性状**：气孔为长卵形，气孔器大小为（344.52±40.59）$\mu m^2$，气孔密度为（296.05±15.90）个/$mm^2$，气孔开度为 0.29±0.04，内气孔长为（14.73±1.52）$\mu m$，内气孔宽为（4.20±0.12）$\mu m$，外气孔长为（22.9±1.80）$\mu m$，外气孔宽为（15.03±1.11）$\mu m$。

# 新　选　209
## *C. sinensis* 'Xinxuan 209'

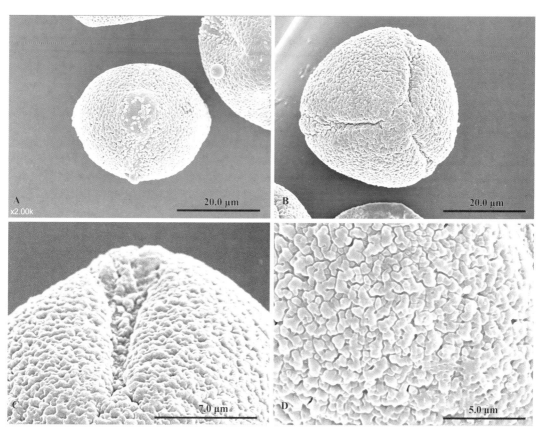

新选 209 花粉微形态扫描电镜图
A. 赤道面观　B. 极面观　C. 萌发沟　D. 外壁纹饰

　　**花粉形态特征：**花粉为中等花粉，极面观为三裂近圆形，赤道面观为近球形，萌发沟为三孔沟，外壁纹饰为疣状纹饰。

　　**花粉数据性状：**极轴长为（31.50±1.46）μm，赤道轴长为（33.15±1.75）μm，花粉大小为（1 044.15±67.92）μm²，花粉形状指数为 0.95±0.07，萌发沟长为（29.00±2.10）μm，沟极比为 0.92±0.07。

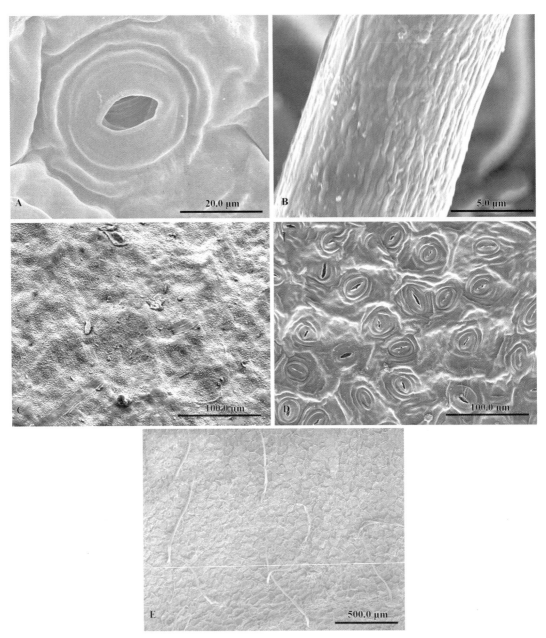

新选 209 叶片微形态扫描电镜图

A. 气孔　B. 茸毛　C. 纹饰　D. 气孔整体观　E. 茸毛整体观

**叶片蜡质纹饰：**蜡质纹饰为平展状。

**叶片茸毛性状：**茸毛长度为（343.79±7.27）μm，茸毛直径为（7.28±0.15）μm，茸毛纹饰为短棒状。

**叶片气孔性状：**气孔为长卵形，气孔器大小为（398.13±19.91）μm²，气孔密度为（241.84±13.77）个/mm²，气孔开度为 0.27±0.04，内气孔长为（15.63±1.87）μm，内气孔宽为（4.18±0.10）μm，外气孔长为（23.79±1.57）μm，外气孔宽为（16.78±1.17）μm。

# 新　选　211
## *C. sinensis* 'Xinxuan 211'

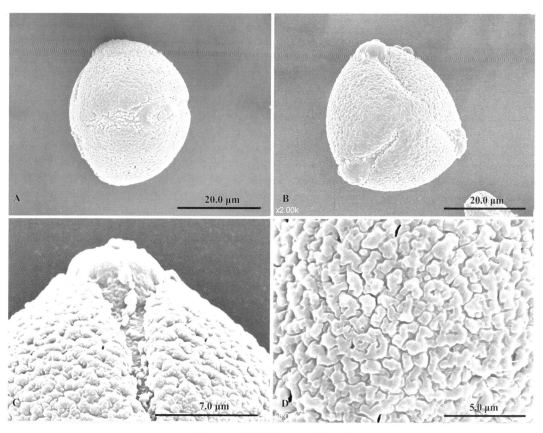

新选 211 花粉微形态扫描电镜图
A. 赤道面观　B. 极面观　C. 萌发沟　D. 外壁纹饰

**花粉形态特征：**花粉为中等花粉，极面观为三裂近三角，赤道面观为近球形，萌发沟为三孔沟，外壁纹饰为疣状纹饰。

**花粉数据性状：**极轴长为（34.17±1.40）μm，赤道轴长为（35.95±1.02）μm，花粉大小为（1 228.31±60.77）μm²，花粉形状指数为 0.95±0.05，萌发沟长为（31.24±1.99）μm，沟极比为 0.91±0.06。

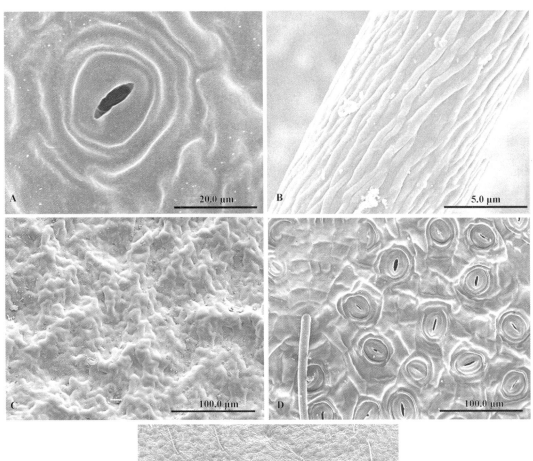

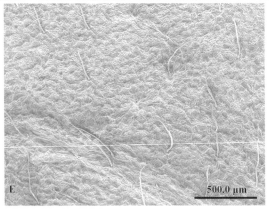

新选 211 叶片微形态扫描电镜图
A. 气孔  B. 茸毛  C. 纹饰  D. 气孔整体观  E. 茸毛整体观

**叶片蜡质纹饰**：蜡质纹饰为皱脊状。

**叶片茸毛性状**：茸毛长度为（431.98±15.27）$\mu$m，茸毛直径为（8.42±0.19）$\mu$m，茸毛纹饰为长条状。

**叶片气孔性状**：气孔为长卵形，气孔器大小为（299.38±20.28）$\mu$m²，气孔密度为（250.56±15.26）个/mm²，气孔开度为0.33±0.03，内气孔长为（12.29±1.20）$\mu$m，内气孔宽为（4.00±0.14）$\mu$m，外气孔长为（22.22±1.34）$\mu$m，外气孔宽为（13.54±1.43）$\mu$m。

# 新　选　212
## *C. sinensis* 'Xinxuan 212'

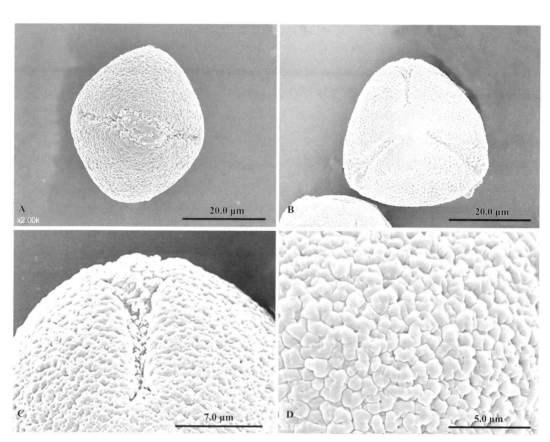

新选 212 花粉微形态扫描电镜图

A. 赤道面观　B. 极面观　C. 萌发沟　D. 外壁纹饰

**花粉形态特征：**花粉为中等花粉，极面观为三裂近三角，赤道面观为近球形，萌发沟为三孔沟，外壁纹饰为疣状纹饰。

**花粉数据性状：**极轴长为（33.71±1.59）μm，赤道轴长为（34.50±2.08）μm，花粉大小为（1 043.98±106.06）μm²，花粉形状指数为 0.98±0.05，萌发沟长为（30.58±2.09）μm，沟极比为 0.90±0.06。

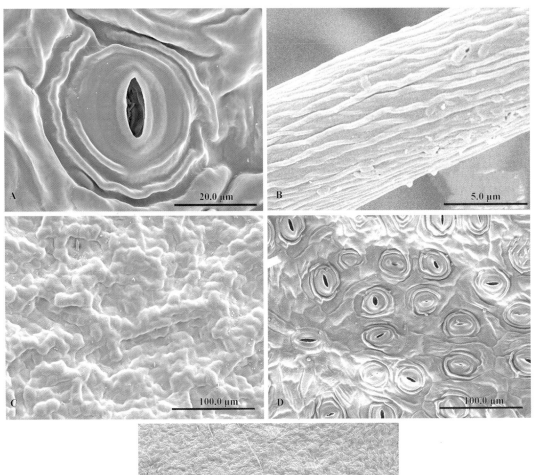

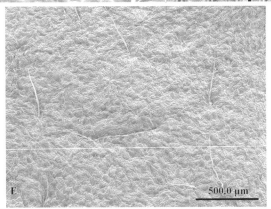

新选212叶片微形态扫描电镜图

A. 气孔　B. 茸毛　C. 纹饰　D. 气孔整体观　E. 茸毛整体观

**叶片蜡质纹饰**：蜡质纹饰为皱脊状。

**叶片茸毛性状**：茸毛长度为（566.79±8.64）$\mu m$，茸毛直径为（8.23±0.14）$\mu m$，茸毛纹饰为长条状。

**叶片气孔性状**：气孔为长卵形，气孔器大小为（369.30±33.04）$\mu m^2$，气孔密度为（276.48±16.53）个/$mm^2$，气孔开度为0.30±0.03，内气孔长为（14.60±1.31）$\mu m$，内气孔宽为（4.32±0.13）$\mu m$，外气孔长为（23.93±1.19）$\mu m$，外气孔宽为（15.44±1.27）$\mu m$。

# 福云 8 号
## *C. sinensis* 'Fuyun 8'

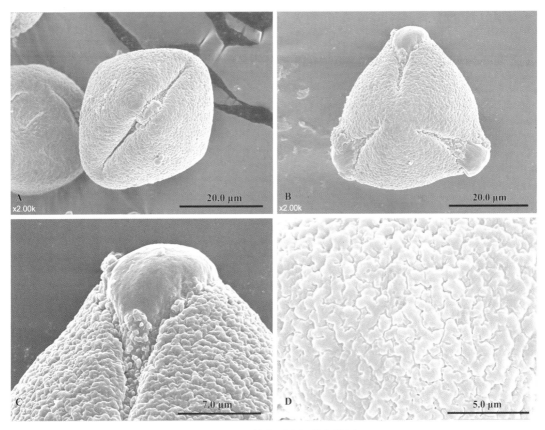

福云 8 号花粉微形态扫描电镜图

A. 赤道面观　B. 极面观　C. 萌发沟　D. 外壁纹饰

　　**花粉形态特征：**花粉为中等花粉，极面观为近三角形，赤道面观为纺锤形，萌发沟为拟三孔沟，外壁纹饰为光滑疣状纹饰。

　　**花粉数据性状：**极轴长为（34.32±3.82）μm，赤道轴长为（29.26±4.16）μm，花粉大小为（1 005.34±183.90）μm²，花粉形状指数为 1.19±0.18，萌发沟长为（25.12±3.42）μm，沟极比为 0.76±0.08。

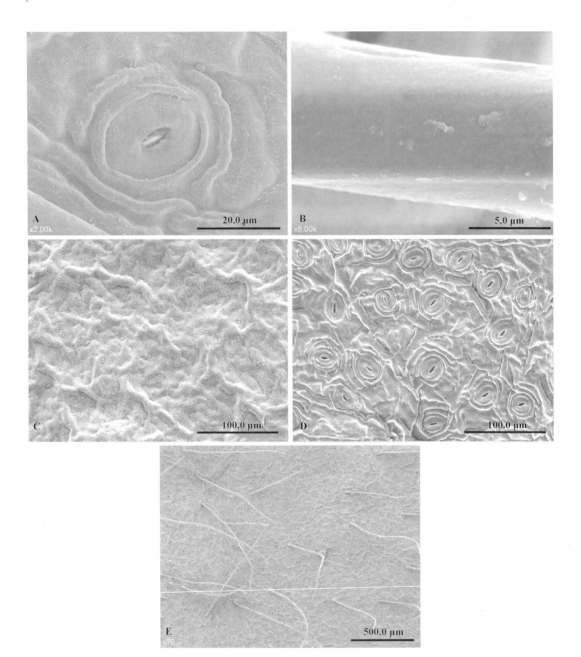

福云 8 号叶片微形态扫描电镜图

A. 气孔　B. 茸毛　C. 纹饰　D. 气孔整体观　E. 茸毛整体观

**叶片蜡质纹饰：**蜡质纹饰为波浪状。

**叶片茸毛性状：**茸毛长度为（622.76±20.44）μm，茸毛直径为（9.52±1.60）μm，茸毛纹饰为长条纹形。

**叶片气孔性状：**气孔为长卵形，气孔器大小为（411.75±5.00）μm²，气孔密度为（259.14±14.27）个/mm²，气孔开度为 0.29±0.04，内气孔长为（12.09±3.27）μm，内气孔宽为（3.56±1.14）μm，外气孔长为（24.32±2.70）μm，外气孔宽为（16.93±1.85）μm。

# 白 云 1 号
## *C. sinensis* 'Baiyun 1'

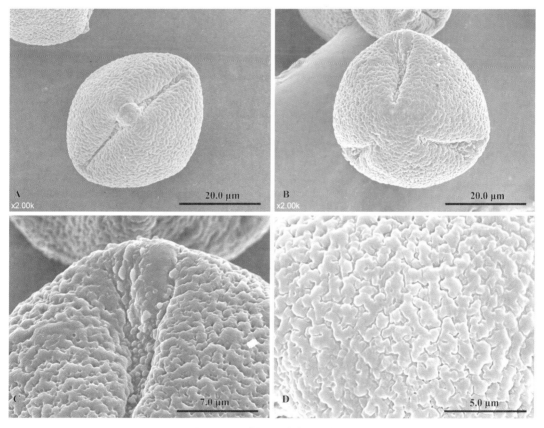

白云1号花粉微形态扫描电镜图

A. 赤道面观　B. 极面观　C. 萌发沟　D. 外壁纹饰

**花粉形态特征：**花粉为中等花粉，极面观为近三角形，赤道面观为长椭圆形，萌发沟为三孔沟，外壁纹饰为光滑疣状纹饰。

**花粉数据性状：**极轴长为（37.57±3.51）μm，赤道轴长为（24.78±4.22）μm，花粉大小为（941.09±229.31）μm²，花粉形状指数为1.55±0.22，萌发沟长为（28.17±6.62）μm，沟极比为0.75±0.10。

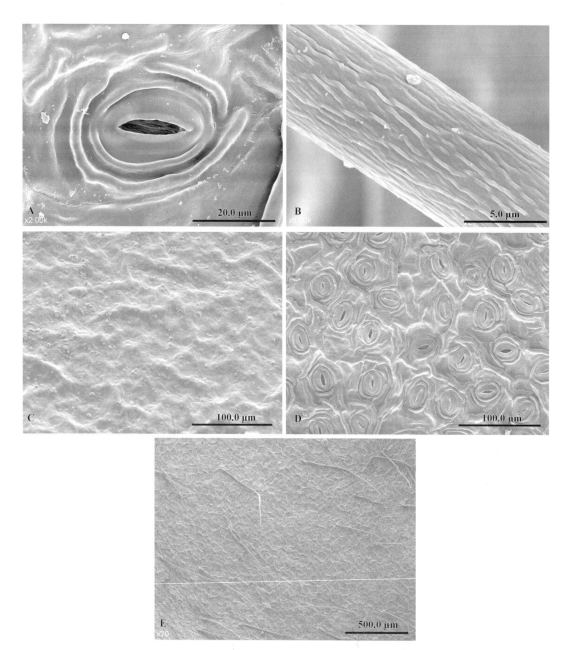

白云 1 号叶片微形态扫描电镜图
A. 气孔　B. 茸毛　C. 纹饰　D. 气孔整体观　E. 茸毛整体观

**叶片蜡质纹饰：** 蜡质纹饰为皱脊状。

**叶片茸毛性状：** 茸毛长度为（431.98±15.27）$\mu$m，茸毛直径为（8.42±0.19）$\mu$m，茸毛纹饰为长条状。

**叶片气孔性状：** 气孔为长卵形，气孔器大小为（299.38±20.28）$\mu$m²，气孔密度为（250.56±15.26）个/mm²，气孔开度为 0.33±0.03，内气孔长为（12.29±1.20）$\mu$m，内气孔宽为（4.00±0.14）$\mu$m，外气孔长为（22.22±1.34）$\mu$m，外气孔宽为（13.54±1.43）$\mu$m。

# 福建水仙 F$_1$ - 01
## *C. sinensis* 'Fujian Shuixian F$_1$ - 01'

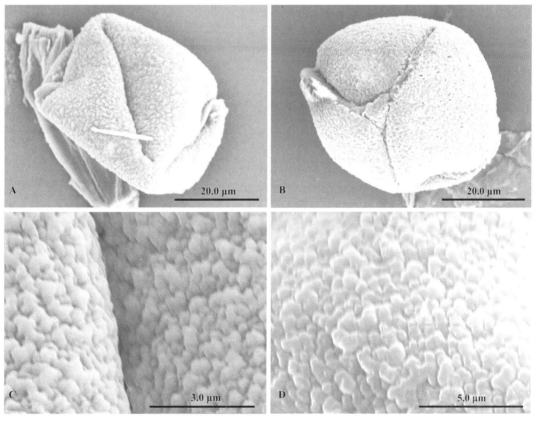

福建水仙 F$_1$ - 01 花粉微形态扫描电镜图
A. 赤道面观　B. 极面观　C. 萌发沟　D. 外壁纹饰

　　**花粉形态特征：**花粉为中等花粉，极面观为三裂近圆形，赤道面观为扁球形，萌发沟为三孔沟，外壁纹饰为疣状纹饰。

　　**花粉数据性状：**极轴长为（42.35±2.71）μm，赤道轴长为（52.36±2.18）μm，花粉大小为（2 222.26±220.74）μm²，花粉形状指数为 0.81±0.03，萌发沟长为（35.85±4.92）μm，沟极比为 0.84±0.069。

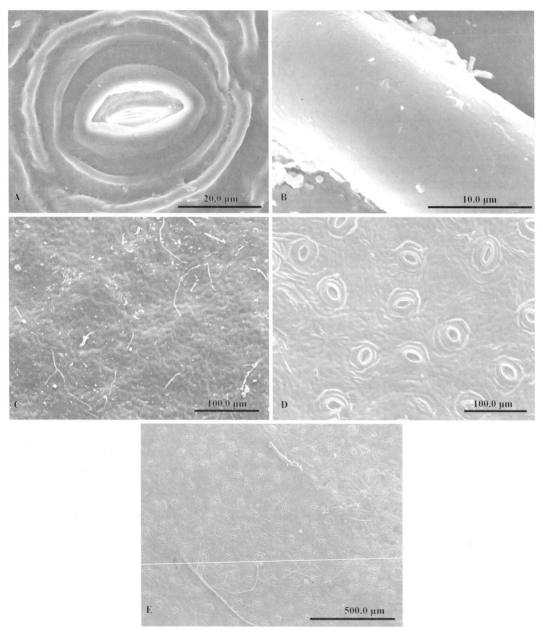

福建水仙 $F_1$-01 叶片微形态扫描电镜图

A. 气孔　B. 茸毛　C. 纹饰　D. 气孔整体观　E. 茸毛整体观

**叶片蜡质纹饰**：蜡质纹饰为平展状。

**叶片茸毛性状**：茸毛长度为（544.04±52.02）μm，茸毛直径为（14.94±0.30）μm，茸毛纹饰为长条状。

**叶片气孔性状**：气孔为长卵形，气孔器大小为（350.56±69.61）μm²，气孔密度为（96.75±6.08）个/mm²，气孔开度为 0.40±0.06，内气孔长为（16.51±0.52）μm，内气孔宽为（6.61±0.97）μm，外气孔长为（25.49±0.70）μm，外气孔宽为（13.76±2.74）μm。

# 福建水仙 F₁ - 02
## *C. sinensis* ' Fujian Shuixian F₁ - 02'

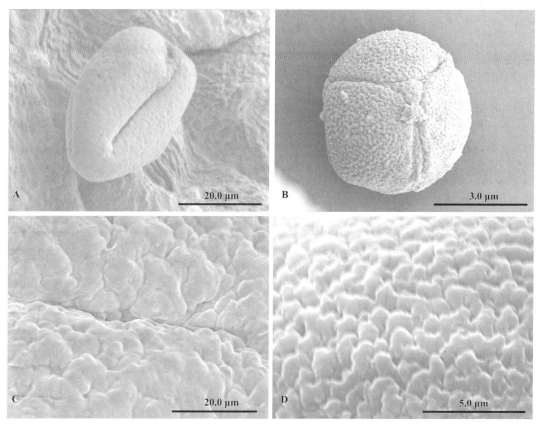

福建水仙 F₁ - 02 花粉微形态扫描电镜图
A. 赤道面观　B. 极面观　C. 萌发沟　D. 外壁纹饰

　　**花粉形态特征：**花粉为中等花粉，极面观为三裂近圆形，赤道面观为长球形，萌发沟为三孔沟，外壁纹饰为疣状纹饰。

　　**花粉数据性状：**极轴长为（42.83±2.45）$\mu$m，赤道轴长为（37.51±0.51）$\mu$m，花粉大小为（1 605.98±88.24）$\mu$m²，花粉形状指数为 1.14±0.07，萌发沟长为（25.38±1.40）$\mu$m，沟极比为 0.60±0.67。

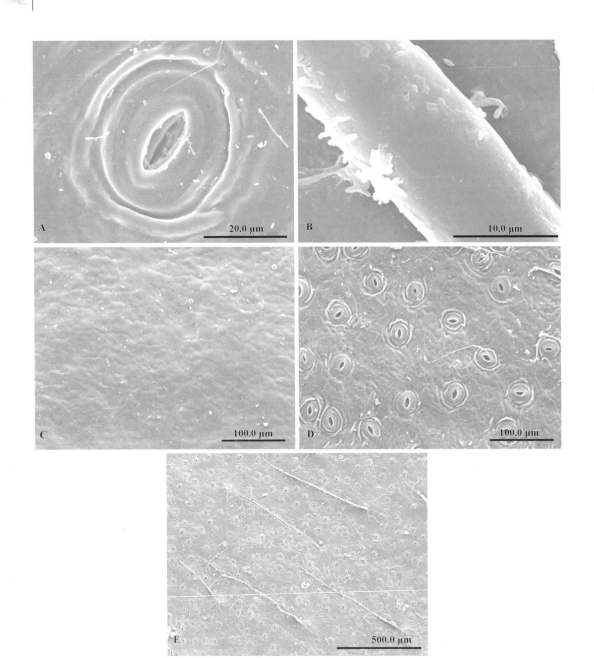

福建水仙 $F_1 - 02$ 叶片微形态扫描电镜图

A. 气孔　B. 茸毛　C. 纹饰　D. 气孔整体观　E. 茸毛整体观

　　**叶片蜡质纹饰：**蜡质纹饰为平展状。

　　**叶片茸毛性状：**茸毛长度为（671.62±64.78）μm，茸毛直径为（12.65±1.77）μm，茸毛纹饰为长条状。

　　**叶片气孔性状：**气孔为长卵形，气孔器大小为（172.73±7.84）μm²，气孔密度为（163.72±6.08）个/mm²，气孔开度为0.33±0.04，内气孔长为（13.91±0.33）μm，内气孔宽为（4.59±0.50）μm，外气孔长为（17.62±0.35）μm，外气孔宽为（9.80±0.32）μm。

# 福建水仙 F₁ - 03
# *C. sinensis* ' Fujian Shuixian F₁ - 03'

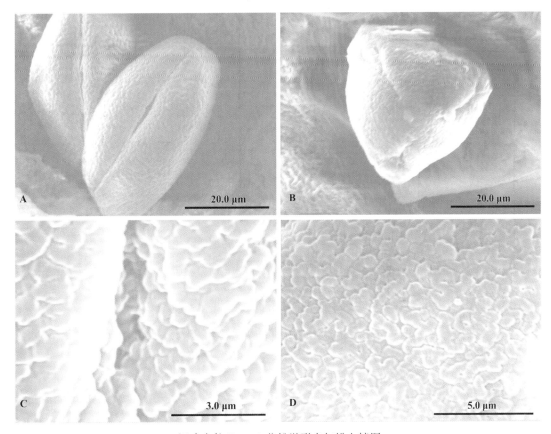

福建水仙 F₁ - 03 花粉微形态扫描电镜图

A. 赤道面观　B. 极面观　C. 萌发沟　D. 外壁纹饰

**花粉形态特征：** 花粉为中等花粉，极面观为三裂近三角，赤道面观为长球形，萌发沟为三孔沟，外壁纹饰为疣状纹饰。

**花粉数据性状：** 极轴长为（42.73±4.27）μm，赤道轴长为（39.36±3.57）μm，花粉大小为（1 667.00±33.99）μm²，花粉形状指数为 0.937 3±0.19，萌发沟长为（33.74±4.59）μm，沟极比为 0.87±0.18。

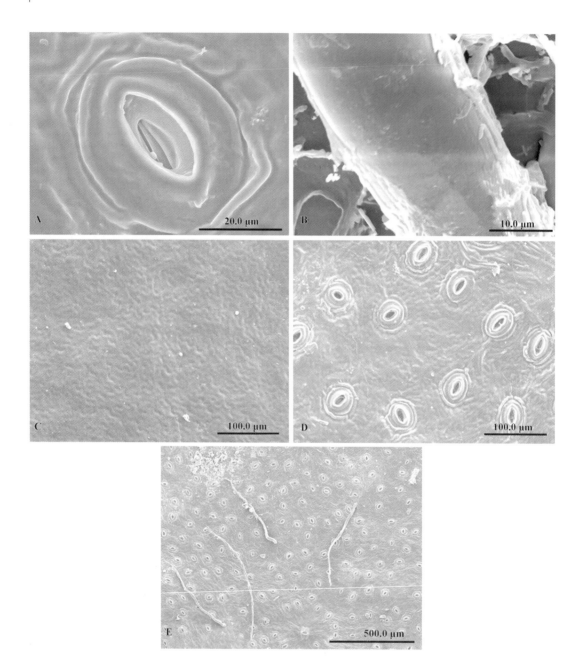

福建水仙 $F_1$ - 03 叶片微形态扫描电镜图
A. 气孔 B. 茸毛 C. 纹饰 D. 气孔整体观 E. 茸毛整体观

**叶片蜡质纹饰：** 蜡质纹饰为平展状。

**叶片茸毛性状：** 茸毛长度为（576.66±4.59）μm，茸毛直径为（14.85±0.80）μm，茸毛纹饰为长条状。

**叶片气孔性状：** 气孔为长卵形，气孔器大小为（346.27±31.96）μm²，气孔密度为（104.19±16.08）个/mm²，气孔开度为 0.33±0.04，内气孔长为（15.46±1.03）μm，内气孔宽为（8.66±0.97）μm，外气孔长为（24.71±0.91）μm，外气孔宽为（14.01±1.17）μm。

图书在版编目（CIP）数据

茶树品种资源微形态研究 / 叶乃兴等著 . —北京：
中国农业出版社，2023.12
ISBN 978 - 7 - 109 - 31566 - 2

Ⅰ. ①茶… Ⅱ. ①叶… Ⅲ. ①茶树－植物资源－研究
－中国 Ⅳ. ①S571.1

中国国家版本馆 CIP 数据核字（2023）第 231800 号

**茶树品种资源微形态研究**
**CHASHU PINZHONG ZIYUAN WEIXINGTAI YANJIU**

中国农业出版社出版

地址：北京市朝阳区麦子店街 18 号楼
邮编：100125
策划编辑：王琦瑢　责任编辑：李　瑜
版式设计：王　晨　责任校对：吴丽婷
印刷：北京通州皇家印刷厂
版次：2023 年 12 月第 1 版
印次：2023 年 12 月北京第 1 次印刷
发行：新华书店北京发行所
开本：787mm×1092mm　1/16
印张：15.5
字数：377 千字
定价：198.00 元